伝説の馬100頭

100 Chevaux de légende

「ジプシーの宝物は光ることもなければ、音も立てない。
しかし、太陽のもとでは光り輝き、月が出ればいななく」
ジプシーの諺より

私の仲間に

ミリアム・バラン（Myriam Baran）

100 CHEVAUX DE LÉGENDE by Myriam Baran
© Copyright SA-Paris, France
Japanese translation rights arranged
with Copyright, Paris
through Tuttle-Mori Agency, Inc., Tokyo

伝説の馬100頭

100 Chevaux de légende

ミリアム・バラン 著
Myriam Baran

吉川晶造 訳

恒星社厚生閣

目　次

歴史説明 6

伝説的事例 10

チャンピオン

ハンブルトニアン 12
アレキサンダース・アブダラ 13
ロケピンヌ 14
ゲリノット：エゾライチョウ 15
イデアル・デュ・ガゾー 16
ウラジ 18
ユンヌ・ド・メ 20
エクリプス 21
マノ・ワー 22
リボー 23
ノーザン・ダンサー 24
レンブラント 25
コランダス 26
アブドゥラ 28
カリスマ 29
ジャプル 30
デイスター 32
ミルトン 33
アルクル 34
アル・カポネⅡ 35

歴史上の英雄

ラムセス2世の馬 36
ブケファロス 38
インキタトゥス 40
バラメール 41
バビエカ 42
マゼーパの馬 43
エル・モルジロ 44

コペンハーグ＝コペンハーゲン 46
マレンゴ 47
イリスXVI 48

非凡な馬

ジャスティン・モルガンの馬 50
ゴドルフィンアラビアン 51
利口者のハンズ 52
トリガ 53

特殊なグループ 54

祖　先

プルジェワリスキーウマ 56
フィヨルド 58
ナンシャン 59

野生馬

エミオン：アジアノロバ 60
ターパン 61
ドゥルメン 62
ポトック：ピレネー地方原産の馬 63
ムスタング 64
ブランビ：荒れ馬 65

基準種

アハル・テケ 66
バシキール 67
シャイア 68
ファラベラ 69
ミズリー・フォックス・トロッター 70
アイスランド・ポニー 71
チンコティーグ 72
ミュール 73

アパルーサ 74

労役馬

アルデン馬 75
ブルトン 76
ノルマンディーコブ 77
クォーターホース 78
ストックホース 79

スポーツ馬

アラブ純血種 80
サラブレッド 82
オルロフトロッター 84
ハノーバー 85
狩猟用馬 86
ブロンコ 87
ブズカシ用の馬 88
ポロポニー 89

芸術の馬

アラビア騎兵の騎芸"ファンタジア"用の馬 90
闘牛用の馬 92
ソミュールのカードル・ノワール 94
ウィーンのスペイン乗馬学校 95
騎馬劇団ジンガロ 96

夢の馬 98

伝説と逸品

白馬 100
一角獣 102
ペガソス 104
ケンタウロス族 106
バリオスとグザントス 107

トロイアの馬 108
ポセイドン 110
スレプニル 111
エポナ 112
アル・ボラク：マホメットの馬 113

芸術作品

レオナルド・ダ・ビンチの馬 114
ブレダの開城 115
ロザ・ボヌールの作品 116
サーカスの場面 117
迷える競馬騎手 118
アポロンの池 119
モンテ・カヴァロの馬 120
サン・マルク広場の並列4頭立て2輪戦車 121
アンリ4世の騎馬像 122

文学と映画

ロシナンテ：ドン・キホーテの愛馬 124
フーイヌム族 125
ジョリー・ジャンパー 126
長くつ下のピッピ 127
ポリ 128
クラン・ブラン 129
トルネード 130
青毛のプリンス 131

遊び友達

木馬と人形 132

進化した馬

蒸気機関車：馬力 134
フェラーリの馬 135

難解語彙集 136

訳　注 140

訳者あとがき 145

索　引 147

最も重要な征服

馬は全世界を1つにまとめる。馬は神が創造した最も美しいもの、人間が征服した最も高貴なものだと言われている。とはいえ、その歴史は人類の歴史から切り離せなくなる以前から、時の流れに従って築き上げられてきた。鹿の斑点のある毛色を帯び、キツネ程度の大きさのアケボノウマ（Eohippus）は、ウマ系統を代表する最初の獣である。この"アケボノウマ"は、6000万年前、熱帯地方のジャングルでやわらかい木の葉や果実を食べていた。人類の祖先が進化の大舞台に登場するのはせいぜい4000万年前である。しかしながら、アケボノウマをウマと認めるためには、そのように想定しうるだけの根拠を示す必要がある。その歯は猿や豚の歯に類似していて、その前肢には肉塊に支えられた鉤爪をもつ4本の指があり、犬の足に似ている。目は頭の前方に位置し、視野は非常に限られて狭い。地球の気温が下がり、乾燥し、森が徐々に草原に姿を変えるにつれて、アケボノウマはそれに順応していく。この小さな森の果食動物は、サバンナの大型草食動物に変身する。脚は伸び、走るのが速くなる。目は次第に両側に離れて視野が広がり、動物を捕食する天敵を見つけることが可能になる。5400万年の後、プリオヒプス（Pliohippus）が現れる。これがウマ、シマウマ、ロバや現生のアジアノロバの共通の祖先である。そのき甲までの背丈は120cm、かつ単蹄である。プリオヒプスがエクウス・カバルス（Equus caballus）、つまり、"現代に生存している"馬に進化するには、さらにほぼ500万年が必要であった。この時期、馬はヨーロッパや西アジアに生息していたが、一方、ロバやシマウマはアフリカで分布し、残された中近東の砂漠にはアジアノロバが棲んでいた。

馬の起源についての学説にいまだ残る諸問題に関して、共通の認識をもっている自然科学者達によれば、現在の馬の祖先は原始的な3種類であるという。結局、発見者の名が唯一その種の名称になっているプルジェワリスキーウマ（przewalski）がその原形をとどめて、いまなお生存しているのみである。ターパン（tarpan）は、19世紀まで生き延びて死滅した。しかし、20世紀になって、雑種間の交配からその一群が再生された。洪積世当時の馬は3000年前に死滅したのであろう。森に生息していたこの馬は、き甲までの体高は150cmで、四肢は太く、どっしりした体つきで、手触りは粗いがふさふさした毛で覆われていた。

馬と人間の共通の歴史は、150万年前にさかのぼる。最初、馬は獲物でしかなかった。ほぼ2万年前にさかのぼるラスコー遺跡[1]の壁画がそれを示しているが、ピレネー山脈のトウタヴェルやブルゴーニュのソリュトレで発見された骨も全く同じことを立証している。しかし、おそらく餌食になっただけではない。というのも、馬やバイソンが洞窟の壁にたくさん描かれているが、それらの描写は、おそらく祭式に結びついているからである。やがて、氷河期が終わると、森林が生い茂り温暖な地帯へと新たに広がっていく。狩りの標的になったもの、特に生息地を失った動物の種は衰退する。一方人類は進化していく。それに伴い、四足動物の歴史における第2番目の最重要期が来るのである。

紀元前4000年紀に、人類の最も素晴らしい冒険の1つが始まる。つまり、馬を飼い慣らすことであ

有史前のウマの頭の化石。この骨格から、当時の体形に関するいろいろな情報が得られる。

チンギス・ハン（Gengis Khan: 1167-1227）、モンゴルの君主、鷹狩りの図。絵絹上に描かれた絵画、中国美術。

る。これによって人間の生活が一変する。これは火を利用し始めたことに匹敵するほどの大改革である。"馬の文明"はそこから始まる。馬はトルキスタンで初めて飼い慣らされた。最初、人間は、おそらく幼い牡馬を捕獲し、雌羊や雌山羊のような、すでに家畜になっている他の動物に授乳させたのだろう。約6000年前の歯がウクライナで発見されている。それらを顕微鏡で綿密に検査した結果、小臼歯に自然にできた磨滅痕ではない磨滅の跡が明らか

ラスコー洞窟の壁画の複写（一部）。

になった。新石器時代のこれらの痕跡は、銜との摩擦によるものと認められている。これらの痕跡は、それまで馬が家畜になったとされている時期よりもほぼ1000年前にさかのぼる。

モンゴルにトナカイの大群が生息していたことは知られている。これらの動物は馬より2000年以前に家畜になり、人間を乗せたり、橇を引いたりしていた。氷塊が後退すると、トナカイを家畜にしていたアーリア人は馬に興味をもったであろうことは充分考えられる。馬は厳しい条件下でもトナカイのように移動しないで、自分の食物をよりたやすく見つける。東シベリアにおける最初で最大の騎馬民族の1つであるスキタイ人の墓場の発見によってこの仮説が確証された。つまりトナカイの角を付けた仮面で飾られた馬が見つかったのである。

シュズ[2]やウル[3]の遺跡で発掘された刻印や小彫像に描かれていたのが最初に発見された戦車の痕跡である。これは紀元前3000年にさかのぼる。この時代にメソポタミアで使われていたのは馬で

はなく、ペルシャノロバである。この地方に馬を持ち込んだのは東北方面から来た騎馬人だが、当初、馬は鼻にリングがつけられて、連れて来られた。ペルシャノロバはこのようにして使われていた。ペルシャノロバは扱いが難しい性質だったので、結局早い時期に馬に取って代わられた。人間がこの新しい仲間の能力を発見していくにつれて、社会は発展していく。つまり、農耕、運輸、狩猟、戦争、パレードやスポーツに馬が使われ始め、宗教でさえそれを利用した。ギリシャ・ローマの神話はもとより、中国の空飛ぶ馬、インドの神の戦車競争、マホメッドの翼をもつ牝馬、ヨハネ黙示録の馬が創られるのは、神格化された馬の動物誌の世界における1つの文化だけではない。

科学的見地から、紀元前1500年以降馬は2つのタイプに分けられている。つまり、北の寒冷地域の粗野な馬と南方の"純血種"の馬である。前者は輓馬（ばんば）や農耕馬、戦闘用の重種馬を産み、後者はアラブ純血種やアハル・テケ（akhal-télé）のような伝説的な駿馬をつくることになる。

最初の乗馬形跡は紀元前1560年にさかのぼる。それは黒い馬にまたがった若者が描かれているエジプトの壁画である。しかしながら、特に古代において知られている馬は戦車を引いている。やがて戦車は、その活躍の場を戦争から競技会へと移し、オリンピック競技やサーカスの演目として有名になる。

馬に関する著作は徐々に現れる。紀元前15世紀に調教に関する最初の手引書が作成されている。これは優れた騎馬人キックーリ[4]に負うところが大きい。そこには驚くほど現代的な手法が定められている。つまり穀物、牧草（ウマゴヤシ属マメ科の草木）、切り藁の投与法のみならず、体調や活力を良好に保つための教えが体系的に説かれている。紀元前430年に生まれたクセノフォン（Xénophon）は全時代を通じて最も優れた馬術の達人の1人である。彼は有名な著作『馬術論（De l'équitation）』の著者である。この本は軍馬、その選択、管理、調教について論じている。しかしながら、1550年生れのフレデリコ・グリソーネ（Frederico Grisone）が有名な『乗馬規則（Ordinaire du cavalier）』を書き上げるまでには、1900年待たねばならない。

早くから、馬を1頭所有することは重要な社会

的地位を手に入れることであった。古代文明以来、馬は貴族階級に結びついた。封建制の基盤である忠誠と名誉のシンボルとなっている騎士の秩序は勿論高貴な動物のおかげであったのだ。

如何なる動物も馬以上に尊敬されてはいない。その抗し難い魅力の秘密は、おそらく、馬が自分を支配する人間に対して、その気高さを決して捨てることなく、人間の意思に服従している事実に由来するのであろう。中世の美しい婦人が乗る小柄でおとなしい馬から、全世界の神話に出てくる多くの軍馬や純血種の牝馬まで、またリチャード1世（獅子心王；Richard Cœur de Lion）が非常に高く評価していたスペインの小型の馬から、荷物運びが運命づけられた小さな馬に至るまで、時と場所を問わず、馬の名は時代とともに歩み、文化にその足跡を残している。敵を脅かすため鼻孔のところに象の鼻の偽物をつけたラージュプート族⁽⁵⁾の勇敢な領主プラタプ（Pratap）の種牡馬チェタク（Chetak）から、シャルルマーニュ（Charlemagne）の甥ルノー（Renaud）が所有していた真っ黒なバヤール（Bayard）（シャルルマーニュは、その馬欲しさに戦争まで引き起こした）に至るまで、他にどのような動物が芸術や文学の創作意欲を刺激したであろうか？

チンギス・ハンは、小型のモンゴルポニーに跨り、周知の通りの世界を征服した。ロシア皇帝ニコラス1世（Nicolas Ier）は、自分の忠実な軍馬に最も大きく、最も素晴らしい墳墓をしつらえた。墓碑銘が刻まれた120の大理石の墓が、サンクトペテルブルク近くのツァールスコエ・セロの皇帝敷地内に並んでいる。イギリスのリチャード3世（Richard III）は、いまわのきわに懇願した。「馬、馬のために私の王国を」と。霊魂の転生を信じ込んだルイ・アンリ・ド・ブルボン（Louis Henri de Bourbon）7代目コンデ（Condé）公は、自分の死後、自分の魂は馬の肉体に宿って生まれ変わると信じ、シャンティイ城に豪華な厩舎を建設した。これは世界で最も美しい厩舎の1つとされ、馬の生きた博物館として今日に至るも、高く評価されている。

さらに時代が下がると、西欧社会では、馬が非行青少年や軽犯罪者の社会復帰のための精神療法医の役目を果たすという全く新しい利用法により、当然のことながら、馬に栄誉が与えられている。つまり、馬に接触することによって、やりがいのある目標を見付けて、より力強い自信を取り戻すことができるというのである。

この本は、馬のすべてを網羅していないが、とりあえず、現代のチャンピオン、往時の神話、未来永劫変わることのない芸術作品に触れるために、各時代を通して、かつ遥か彼方の国々を散策することを提案するものである。1880年、ソミュール騎兵学校を指揮した近代馬術の生みの親、開祖であるロット（L'Hotte）将軍が言ったように、「馬に乗り、前進しよう、落ち着いて、真っ直ぐに、さあ行こう！」。

上：スキタイ人の戦士、最も重要な馬文明の1つに属する。
ルイ・ジャン・デプレ（Louis Jean Desprez：1748-1804）作。

下：シャンティイ城の厩舎、ヘンドリク・フランス・ド・コルト（Hendrik Frans de Cort）画、1781年。

Phénomènes de légende

チャンピオン Les champions | ハンブルトニアン（*Hambletonian*）

第一に挙げるべきアメリカントロッター

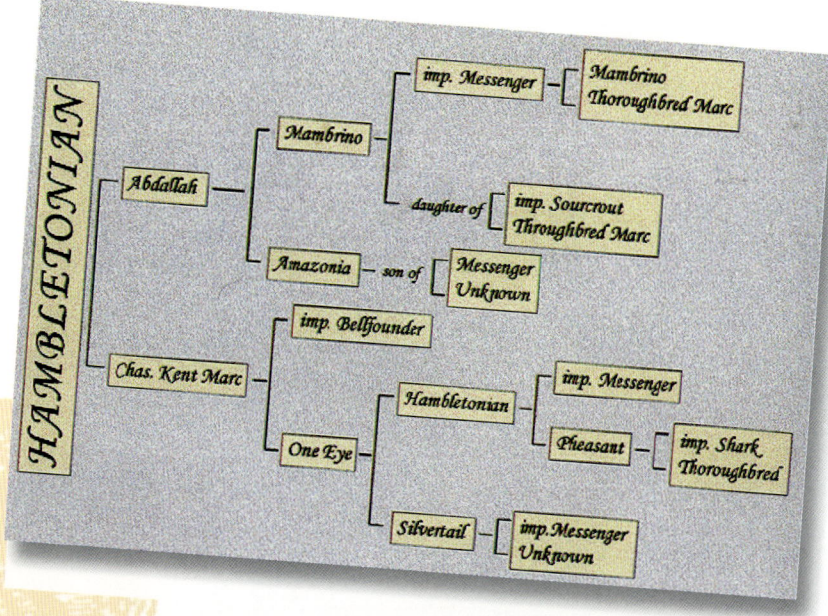

現在のアメリカントロッターの種牡馬の始祖であるハンブルトニアンは、1849年生まれ。この品種のほとんどすべての馬は息子であるジョージ・ウィルクス（George Wilkes）、ディクテーター（Dictator）、ハピー・メディアム（Happy Medium）やエレクショニア（Electioneer）の子孫である。この馬は優れた速歩馬というよりも、多産な種牡馬で、1851年から1875年まで、24年にわたり正常に行われた種付け期間に1335頭の子孫をもうけた。その大半は雄である。

ハンブルトニアンは、サラブレッド種メッセンジャー（Messenger）の直系の子孫で、メッセンジャー自身、サラブレッドの種牡馬の始祖3頭のうちの1頭、ゴドルフィンアラビアンの系統である。メッセンジャーは、当時モルガン種の牝馬の種付け用種牡馬であった。これら牝馬の祖先にジャスティン・モルガン（Jastin Morgan）[1] の持ち馬であった別の伝説的な種牡馬フィギュア（Figure）がいた。従ってハンブルトニアンの艶のある毛並みの下には完璧な混血、つまりゴドルフィンとフィギュアの血が流れているのだ。

ハンブルトニアンはレースでは人気がなかった。名声を得たのは競馬の走路上ではなく、種馬牧場内である。とはいえ、この馬には速歩で1マイル（1.75 km）を2分48秒5で走り抜いた実績がある。現在では、同じ距離でも2分以内で走り抜くことはよくあることだが、19世紀半ばではこの記録は偉業である。馬についても人間の場合と同じで、今日のスポーツ選手は昨日の記録を破るのである。

サラブレッドより垢抜けしないが、背丈が155cm、き甲より5cm高い尻の持ち主ハンブルトニアンは、後肢の運動に大きな振幅を与える特異な体質をもっている。その歩幅は速歩における異例の能力を保証する。現在の子孫はそれを受け継いでいるのである。

この種の多くの代表的な馬は、通常の速歩より快適で、速い側対速歩で走る。アメリカントロッターは世界でも最良で最も速い繋駕速歩馬[2] である。

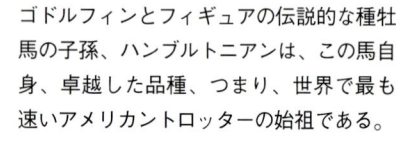

ゴドルフィンとフィギュアの伝説的な種牡馬の子孫、ハンブルトニアンは、この馬自身、卓越した品種、つまり、世界で最も速いアメリカントロッターの始祖である。

チャンピオン Les champions | アレキサンダース・アブダラ（Alexander's Abdallah）

種牡馬としての経験が短かったにもかかわらず、アレキサンダース・アブダラは、アメリカ合衆国におけるトロッター種の始祖として知れわたる。

名誉の戦死

Abdallah

アレキサンダース・アブダラは、1852年8月27日に生まれた。アメリカ合衆国ではトロッター種の大物となる馬のこの日付以外の登録内容は、疑問視されている。そもそも、アレキサンダース・アブダラが後世に名を残すこととなったのは、ニューヨーク州、ワーリクの20歳の若者ルイス・J・サットン（Lewis J. Sutton）の無私無欲のおかげなのである。

L・J・サットンは、ちょうど1年前に前肢の管を傷めて馬主に捨てられ、生死の境をさまよう1頭の立派な牝馬を見つけた。その体形に強いインスピレーションを受け、またその馬がケティ・ダーリン（Ketty Darling）という名前の優秀なトロッター種であることを知り、この若者はその馬を自分の家に連れ帰り治療することにした。この牝馬は三脚だけではあるが歩くことができた。なぜなら、その馬の故障は、実は腱の肉離れで骨折ではなかったのである。その馬の将来は繁殖用の役回りに限られることになった。この馬にあてがわれるのは当時無名の2歳の種牡馬、ハンブルトニアンであった。この組み合わせから生まれる小型の鹿毛が、アメリカントロッターの系統樹で忘れ得ない葉跡を残すとは、そのとき誰も想像しなかった。

若駒は年齢17ヵ月で売られた。小型だが腰がよく発達し、頚は長く、頭は小さい、鼻孔は大きく広がり、まなざしは生き生きとし、その品種の特徴をよく受け継いでいる馬だと言われた。その馬は、エドサールス・ハンブルトニアン（Edsall's Hambletonian）と名付けられ、4歳で種牡馬としての経歴が始まる。その馬の子供の中には有名になったものがあり、例えばゴールドスミス・メイド（Goldsmith Maid）は、1871年から1878年まで7シーズン続けて同世代のチャンピオンになった。

1862年、エドサールス・ハンブルトニアンはアレキサンダース・アブダラと改名、その名は子孫のために保存されることになる。この馬は南北戦争中の1865年に非業の死を遂げる。最初、南軍に使われていたが、北軍に捕獲され、その後、戦場で死んだ。アメリカントロッターの始祖の1頭として生まれてきた馬としては悲しい最期である。

チャンピオン
Les champions | ロケピンヌ（*Roquépine*）

負け知らず、計り知れない冷静さ

小柄でかわいい鹿毛の牝馬物語である。生まれて9ヵ月になっても名はない。Rの文字のつく年の12月に、この1961年生まれの若駒を申告する時期が訪れる。結局、将来のチャンピオンは、ド・ロケピンヌ（De Roquepine）公爵の名前を受け継ぐことになる。公爵とはルイ16世（Louis XVI）治下の警視総監、パリ8区の一画を所有していた財産家である。同区にはフランス繫駕速歩レース(1)振興会があり、そこで登録を受け付けていたのがゆえんである。その後、この牝馬の馬主は、自分の馬に名馬の資質があることを見抜き、有望な宝石を"壊さない"ように、あまり速く走らせないことにする。ロケピンヌが3歳でレースにデビューするときには、筋骨逞しい身体を作り上げていた。しかしながら、すばらしい走りをしたと思うと、ルール違反をする繰り返しで失格となってばかりであった。つまり、あまりに速く走ろうとして、反則の駈歩まがいの歩調になるのである。それゆえ、生涯蹄冠予防帯(2)と220から230gの重い蹄鉄をつけることになる。並はずれた肺活量と非常に低い心拍動を持ち合わせているロケピンヌは模範的なスポーツ選手であった。「まるでフェラーリだ！」(3)とこの馬の騎手の1人が熱っぽく叫んだ。フェラーリのように、ロケピンヌは世界で最も名高いレースを勝ち抜いたが、おだてには無反応であった。なんといってもその偉業はアメリカ賞を3年続けて獲得したことである。しかも、外国でも有名になった。ローマ、ミラノ、ナポリ、トリノ、イェーテボリ(4)、ミュンヘン、ストックホルム、コペンハーゲン、ニューヨークが次々と快挙の舞台となる。

この馬は最も大きいレースのときに感動的な妙技で奇跡を生む。が、生涯を通じて、誇り高く、冷静で、かつ気まぐれな1頭の牝馬であった。美しい姿態の動きは媚を売るのを嫌い、お世辞を受け付けない。落ち着いていて、興奮することはなかった。ロケピンヌの華やかな生涯はスウェーデンで幕を下ろす。その地で4頭の牡の子馬を生んだあと、流産がたたって14歳で息を引き取った。自分の心臓を与えることができなかったロケピンヌは新しい命をこの世に残したかったに違いない。

ロケピンヌの偉業、
アメリカ賞で連続3回優勝

Les champions　チャンピオン　ゲリノット：エゾライチョウ
（Gélinotte）

この馬の繫駕速歩レースの騎手が病気になると
名馬でもなす術がない。
騎手がレースに復帰すれば、名馬はすぐさま勝
ち名乗りをあげる。

美しく愛らしいお嬢さん

滝のような雨がモデナ[1]の空を引き裂く。レースを争い、走り抜くトロッターは全く幻想的な光景である。ほどなく、あるシルエットが1つ集団から抜け出し、ゴールラインを通過する。ちょうどそのとき、すばらしい虹の冠がシルエットを飾り、ゲリノットは栄光に包まれてたちまち神話に足を踏み入れる。それ以来、ゲリノットは、サポーターやファンから"マドモアゼル アル・カン・シエル"と呼ばれるようになる。

この美しい鹿毛のトロッターは、87レースに出走し、54回優勝した。当時、10億フラン、現在の1000万フランを稼いだ。全世界に散らばるこの鹿毛のファンからは、"マドモアゼル ゲリノット"宛に数百通のファンレターが届いた。その名は花に、オートクチュールのモデルに、またノルマンディー地方のカマンベールにも付けられた。大勢の人の心を揺さぶったこの誘惑者は騎手チャーリ・ミルズ（Charlie Mills）には自分の名を捧げた。以後、C・ミルズは"魔術師"と呼ばれるようになる。

ゲリノットは4歳になり、相変わらずレースで勝ち誇っていた。そんなあるとき、突然騎手は病気になり、床に伏せなければならなくなった。その途端ゲリノットは続けざまにすべてのレースで負け始めた。跛行したり、スタートの段階で身体の向きを変える、コースを逆方向に走るといった、レースにデビューした当時、失格の原因となった過ちを再びおかしたり、ゴーサインを待たなくなった。しかし魔術師と呼ばれた騎手が復帰すると、たちまち勝ち始めた。愛情が翼を与えたのだとの噂がたつ頃には、ゲリノットはあたかも繫駕レースをするペガソスのように走路を滑るように走っていた。C・ミルズは馬を上手に御す方法をすべて心得ているのだ。愛情、忍耐、集中力、および適応性が彼のトレーニングのキーワードである。

"寝台車のマドンナ"という異名を取ったほど、何十キロ、何百キロも夜行列車で駆けめぐり、ヨーロッパの最も名高い競馬の走路を8年間にわたって賑わしたあと、この馬は姿を消す。ゲリノットは自分が生まれた種馬牧場に舞い戻り、第2の務めに取り掛かったのだ。つまり、繁殖用牝馬となったのである。スポーツ馬術界の一流選手としては珍しいことだが、優秀なトロッターであった馬が立派な繁殖用牝馬にもなった。かくして将来のウラジ（Ourasi）の祖父の母となる。1970年3月、10回目の分娩のとき、出産がうまくいかず、ゲリノットはひどい苦しみに悩まされながら死んでいった。C・ミルズは涙を流し、"私のかわいいお嬢さん"と丁寧な言葉で呼びかけるのを止めなかった。

チャンピオン
Les champions | イデアル・ドュ・ガゾー
(*Idéal du Gazeau*)

イデアルは"第5速のギア"をもっている。
他の馬が全速力を出し切ったとき、この馬はそれを上回る力、
つまり、歩度をさらに加速する能力がある。

この馬の
雄々しさもさることながら、
熱情も相当なものである。

モン・サン・ミシェル[1] の長い砂浜は鋼鉄の筋肉をもつ
チャンピオンの日常のトレーニング用走路であった。

この馬は典型的なアンチ・スターである。人気者の名馬でありながら生涯を通じて、デビュー当時の素朴さ保っていた。移り気なスター気取りが微塵もない。額に白い流星のある青毛、海辺の快適な空気を吸う馬の生き生きした目、イデアルは肢部に堂々たる三白斑をもつ。諺によると、これらは王者の馬の風格を表す。王者といえば、まさにこの馬がそうである。1974年、ヴァンデ[2] で生まれ、自分の四肢の力だけで王国を征服した。王国とはパリからニューヨークまで、スウェーデンからイタリアまでのすべての競馬場に広がる世界である。1981年と1983年のアメリカ賞、3種目連続ワールドカップおよびヨーロッパ・チャンピオン戦に優勝したイデアル・ドュ・ガゾーは、自分の馬主に最大の幸運、つまり勝利と利益をもたらした。

これら馬主は"5人の仲間"と呼ばれていて、彼らは友人同志

で、競馬場を戦場にするつもりは微塵もなかった。彼らは、鶏の飼育者や小商人が共同で馬を買うという夢をもっていただけだ。彼らが理想とする馬は、青毛で、き甲まで160 cm、そしてやがてノルマンディー海岸のサン・ジャン・ル・トマ村のマスコットになることであったのだ。

イデアルは、モン・サン・ミシェルを前にした長い灰色の砂浜に通い、鍛え抜かれた鋼鉄のような筋肉をつくり上げた。そこでは、日々海藻を踏みながら40 kmのランニングを行い、透きとおるような海のエネルギーで腱と活力を強化し、四肢を鍛えたのである。

小柄なイデアルは、王者ウラジ（Ourasi）と共通の祖先をもち、"第5速"と名付けられた能力、つまり競争相手が最高速度を出し切ったときを見計らって、自分の歩度を加速する能力を保持していた。しかしながら、この余裕のある大きな力は時として欠点となった。"純血種"に非常に近いイデアルは、速歩競馬であるのにしばしば数歩駈歩を出し、失格するおそれがあったのだ。そ

れでもなお、"庶民の王"と呼ばれているだけあって、観客に大いなる感動、愛情の浪を呼び起こし、ファンレターが届けられた。種牡馬にするため、1500万フランを出すというアメリカ人に口説かれたが、最終的にスウェーデン人に譲られた。しかしながら、この馬の身の振り方に満足できなかったフランス速歩界のリーダーらは、大きな衝撃を受けた。ある新聞には"フランスよ、おまえのイデアルは逃げ出した"と見出しが躍った。

その地で、イデアル・ドュ・ガゾーは第2の活躍の場に足を踏み入れた。競馬場の走路で自分のエネルギーを使い果たす数多くのチャンピオンとは違って、イデアルはレース同様、種付けでも成果を上げた。その子供は競馬で大いに稼ぐことになるのだ。1993年、イデアル・ドュ・ガゾーは19歳。スウェーデンに移ってから10年後、ノルマディーに帰ってきた。そして1995年、ドイツ人の実業家に引き取られ、新しい馬主のために、くじけることなく種付け契約を守り続けた。1998年、ある春の日に、何の前触れもなく、この小柄な青毛は天に召された。

17

チャンピオン
Les champions | ウラジ (*Ourasi*)

人呼んで"ものぐさ王"

Ourasi

アメリカ賞を獲得した名騎手ジャン-ルネ・グジョン（Jean-René Gougeon）と彼の"ものぐさ太郎"。自分の愛馬に対して、「馬という動物は賢いと思ったことがない。が、ウラジについては考え直す」と。

1980年生まれのウラジは、速歩の貴婦人ゲリノットの曾孫である。

この馬は役者にもなれたに違いない。一流の、優秀なチャンピオンであった。世界で最も名高い速歩レースであるアメリカ賞を4度、ヨーロッパ賞3度、同じくフランス賞、ベルギー賞、大西洋賞、スピード重賞競争賞[1]、これが並はずれたこの馬の栄えある受賞経歴である。

青草に恵まれたノルマンディー地方で、1980年に生まれたウラジは、全世界の競馬場に自分のスタイルを認めさせた。しかしながら、その地位にふさわしい容姿ではなく、なんと言っても大食漢の特徴をもつ太鼓腹であった。

スタートは精彩を欠き、レース中の集団では目立つことなく、最終コーナーでトップに立ち、レースが終わると（そして勝利を収めると）再び無気力状態に入った。これはまさに禅の所業である。

この馬の能力、卓越した歩幅、非常に強固な耐久力、驚くべき回復力、これらすべてが他の競争相手を寄せつけず、圧勝するという結果を生んだ。数分間で心臓のリズムが平常に回復した。肉体は

調教中のウラジ。競争相手がいなければ、走りたくないのだ。しかしどんな相手でもでもよいというものではない。

あらゆる点で並外れているウラジは独特のスタイルをもっている。率直にいって、スタート地点では無気力。だがレースも終わりに近づくと目を覚まし、勝利を勝ち獲る！

もとより、全く精神的にも、レースに関する極めて鋭い勘がこの馬を支えている。まさに時限爆弾である。

この若い牡馬は、母馬とだけ仲がよい。生後8ヵ月目に離乳させられ、危うく神経衰弱になるところであった。青年期に入ると、拘束されること、つまり腹帯や手綱さらに人間の指図には我慢できなかった。初めて繋駕速歩(けいが)レース用2輪車につながれたときには、後肢で立ち上がるなりこれを壊した。ウラジの強い自意識はそのときすでに表れていたのである。

後々まで、トレーニングでは、ライバルがいなければ、走らなかった。「この馬は走ることは好きだったが、勝つことがそれ以上に好きだとは思ってもみなかった」と有名な繋駕レース騎手でアメリカ賞受賞の達人ジャン-ルネ・グジョンは述懐した。とは言っても、対決する相手が必要である。しかし好敵手は数が少ない！ウラジは気に入らない仲間に対しては、脅かすために歯をむき出しにする。自分の身分を心得ている領主のように、チャンピオンは尊敬と感嘆の眼差しで遠くから眺められるのが好きなのである。"高慢な"見知らぬものは、それが人であろうと、馬であろうと、あるいは犬でさえも、噛まれる恐れがある。

自分の並はずれた能力を自覚しているウラジは自己主張をする。わがままで、気まぐれだが、航空機に乗るのが好きであった。が、それでも馬運車から降りるのを拒み、車中にとどまろうとした。勿論、航空機はこの馬だけのためにチャーターされた。まさに、花形役者である。昼寝だけでも、横になって眠る。黄金の肢を気遣うように、注意深く長々と横たわる。ボロの中を決して歩かない。何はともあれ、胃には気配りがなされる。極めて食いしん坊のこの馬は寝藁をむさぼり食うので、すぐさまおがくずに取り替えられる。リンゴ、ナシ、オレンジに目がなく、ノヂシャ[2]や厩務員が煮るエンバク、さらにオオムギやアマの実が大好きである。ウラジは誠にグルメである。

57回の勝利、2200万フランの成果は世界記録として残る。いずれのパートナーをも内気な恋人に変えてしまう謎めいた魅力をもつ。ウラジに関わるものすべてが最高なのである。ウラジの繋駕レース騎手はこの馬はすべての一流チャンピオンが持ち合わせている性質、つまりロケピンヌの信頼性、ベリノ2世の意欲と力量、ユンヌ・ド・メの冷静さ、イデアル・デュ・ガゾーの意欲を兼ね備えていると見る。ウラジの魅力に取り付かれた厩務員も宇宙から来た馬だと信じている。

チャンピオン
Les champions | ユンヌ・ド・メ（*Une de Mai*）

"ヴァンセンヌ⁽¹⁾のかわいいフィアンセ"

ちょっとしたことに驚く"この見事な速歩マシン"は、アメリカ賞を勝ち獲ることができなかった。それが運命（さだめ）というものか。

真のプリマドンナであり、アイドルであった。アメリカ人にとっては、モーリス・シュヴァリエ（Maurice Chevalier）⁽²⁾やエディット・ピアフ（Edith Piaf）⁽³⁾と並び、フランス文化の一角を占めていた。スペインの天才画家ダリ（Dali）は、自分の画布にこの馬を描いた。しかしながらこの若駒は率直に言って優雅さに欠けている。頭はあまりに重そうで、右前肢は内側に曲がっていた。しかし、繋駕速歩競争用（けいが）2輪車を引かせてみると肢の運びはしなやかさと華々しさを強く印象づけた。フランス速歩レースの第一人者ジャン-ルネ・グジョンは、その調教をジャン-ルイ・プピオン（Jean-louis Peupion）に委ねた。彼は自分の一生をこの馬に捧げることになる。彼は些細なことで興奮するこの個性的な牝馬を走路の女王に仕立て上げたのだ。この小心者を落ち着かせるためには、調教師の冷静さと忍耐がことのほか必要である。彼はユンヌ・ド・メを決して孤独にしなかった。耳のそばで語りかけ、狂うことのないスイス時計のように、予期せぬ事態が起こらない規則正しい生活によってこの牝馬を安心させた。

1968年9月7日、4歳のとき、1分16秒9でヴァンセンヌ競馬場の記録を破った。そのときから、驚異的な競馬生涯が始まった。つまり、ほとんど連戦連勝、82レースで勝ちを制した。その内30レースは海外である。稼いだ賞金は900万フラン。しかし、速歩馬である以上、目標とする競技アメリカ賞だけは逃した。スタート地点では、いつも本命馬であったのに、ゴールで失敗した。「ヴァンセンヌのかわいいフィアンセは、この競馬場に呪われているのだ」と噂された。世界のチャンピオンはこの勝負で勝ちを獲ったことはない。

"洗練された風格をそなえたユンヌ・ド・メ、速歩マシン"に、ファンらは熱狂した。この複雑なメカニズムはレース中にほんの些細なミスも犯さない。もちろん、これを混乱させるものは何もない。競馬場を去ってから、4年後、すばらしい牝馬キオコ（Qioco）を生む。出産はまさに苦難であった。1ヵ月後の1978年4月、ユンヌ・ド・メは胃の裂傷で死ぬ。自分のお気に入りが再婚するため、その快復を待っていたジャン-ルイ・プピオンは受けたショックから立ち直るのに数週間かかった。

Les champions （チャンピオン） | エクリプス (*Eclipse*)

周期性眼炎の馬だが……

豪華な衣装をまとった4人の騎手が、常にこのチャンピオンに跨った。そして、チャンピオンを前にして、敬意を表し脱帽した。

歴史と伝説が互いに離れていくのは、1764年、この素晴らしい駿馬の出産のときからである。一方では、18世紀の最も有名な日食と同じ時間にこの世に生を受けたことになっており、他方では4日後に生まれたことになっている。双方とも、イギリス競馬で最も有名な馬のことである。負けたことがなく、このすばらしい金色を帯びた栗毛は、その速さと耐久力で同時代の競馬馬をことごとく凌駕した。

しかしながら、その成長期は波瀾に富んでいた。2歳のとき、ゴドルフィンアラビアンとダーレーアラビアンのこの子孫は胸郭が深すぎ、頸が長すぎ、前躯が低すぎると判断された。それゆえ、生産者であり所有者のカンバーランド（Cumberland）公爵は、この馬を競売にかけることにした。馬匹商が落札した馬は、乗馬には不向きであることが分かった。事実、太陽の馬は非常に気まぐれ者である。このお天気屋は最も経験豊かな騎手らを振り落とした。サリバン（Sullivan）がこれに興味をもつ日までこのようなことが続いた。このアイルランドの調教師は手に負えない荒馬を御することができるので有名である。彼はその秘訣をもっているとの噂が流れてた。彼は1時間もかけないで、暴れ回るエクリプスをトレーニングの厳しいルールに従う競走馬に変身させた。飼い慣らされた種牡馬はもう2度と飛び跳ねたりしなくなった。

そのときから、チャンピオンとしての伝説的な生涯が始まるのである。1769年5月3日、エプソム競馬場[1]で最初の優勝を勝ち獲った。しかも馬主は、この馬が1時間半で12リュー[2]を走破することができると請け合った。これは偉業というものである。確かにエクリプスは他の馬よりも10秒速くゴールに入るのだ。ライバルにとっては、我慢できない。馬主はエクリプスを競馬から引退させた。そして他の馬にいくらか勝利する余裕を残した。エクリプスは2年間の競技生活中、26レースで優勝した。それから始まった第2の生涯で、輝ける種牡馬となる。344頭のチャンピオンを生み出した血統の始祖であるエクリプスは、とりわけ有名なイタリアのリボー（Ribot P.23参照）の祖先である。26歳で死んだこの馬を解剖したところ、心臓は6キロ以上、骨は鋼鉄のように固かった。埋葬のときには、大勢の参列者全員と司祭区の生活困窮者にサンドウィッチとビールがふるまわれた。

チャンピオン
Les champions | マノ・ワー（Man o'War）

まさに生き神様

超強力なマノ・ワーは、ますます重いハンディを背負わなければならなかった。

ビッグ・レッド（Big Red）、またの名をマノ・ワー・ザ・グレイト（Man o'War the Great）とも言う。他の馬と比較すれば、これは馬の"典型"である。1917年3月29日、ちょうど真夜中にさしかかる直前、赤褐色を帯びた毛並みのかわいい牡の子馬が生まれた。所有者は有名なオーガスト・ベルモント2世（August Belmont II）で、彼がフランスで戦うために志願兵となったので、時の愛人が馬の名を"My Man of War"にすると決めた。それが Man o'War となった。

いずれにしても、背が高く、か細いが丈夫な白鳥のような長い首で濃い栗毛の明け2歳馬が、サムエル・リドル（Samuel Riddle）に売られたのは、戦争が原因である。S・リドルはこれを狩猟用の馬にしようと考えた。しかし、トレーニング中に、この子馬の並はずれた資質を発見し、直ちに方針を変えた。

マノ・ワーはその世代の、おそらく世紀の最優秀馬である。出走数21レース、敗北したのは2歳のとき1度だけ、無効発走（カンパイ[1]）が1度、2着になったのが1度あった。が、その強さが裏目に出る。他の馬に比べてあまりにも速すぎるので、マノ・ワーは重いハンディを背負うことになったのだ。それでもなお、前代未聞のゆとりをもって勝ち進んだ。

にもかかわらず、馬主はこの馬が4歳になれば、競馬から引退させることを決心した。なぜなら、このまま勝ち続ければ、過去に適用された最も重いハンディ150ポンド（75kg）が確実に課せられるからである。この伝説的なチャンピオンの名に傷がつくのを恐れて、引退を選んだのだ。マノ・ワーが何度も死の恐怖に襲われ、走路上で妨害行為に合う恐れがあるからである。それゆえ、馬を守るために、いつも誰かが隣の馬房の中で寝た。警護チームや私立探偵さえも雇った。

マノ・ワーは走路では勇敢で怖いもの知らずでも、レースの合間は不安げであった。馬房の中で横たわっていたり、いらいらしたりしているのをときどき見かけられた。仲間の狩猟用馬がそばにいなくなると、心配になり動揺するのだ。しかし競馬場の大勢のファンにとっては、"蹄の響きにのって舞う情熱の炎"であった。

マノ・ワーは特技でもある巧みさで種牡馬の道を歩み始め、三冠馬を含む64頭のチャンピオンをもうける。特に牝馬を生み、それらは優秀な繁殖用牝馬となり、124頭のチャンピオンを生産する。

マノ・ワーは1947年11月1日30歳で死ぬが、国葬となってもしかるべきであり、下院やその他の議会の議長9名が弔辞を述べた。毎年、70万人がその墓に詣でている。そして、それは今日も続いている。

Les champions チャンピオン | リボー（Ribot）

戦術はトップにたつこと

リボーは1942年から1956年まで、アメリカの競走馬生産に多大の影響を及ぼしたもう1頭の偉大なチャンピオンで、かつすばらしい繁殖牝馬ネアルコ（Nearco）と同じ生産者の出である。

イタリアの有名な馬リボーは、生まれ故郷では情愛を込めて"ちびっ子"と呼ばれていた。エクリプスとハンブルトニアンの子孫で、クラシック・レース[1]の世界的リーダーのリボーは、20世紀における最も優秀な競走馬の1頭とされている。

イタリアのちびっ子は、純血種の競走馬の生産に最新の遺伝学に基づく方法を適用した最初の生産者であるがゆえに天才的だと称されたフェデリコ・テシオ（Federico Tesio）家で生まれた。

このチャンピオンは、16回レースに出走し、16回優勝した。1955年、56年、見事に勝ち獲った凱旋門賞のみならず、キング・ジョージⅥ＆クイン・エリザベス・ステークスなど最も名高いレースで有名になった。この馬の知っている戦略はただ1つ、1着になること、次も1着、常に1着になることである。各レースで、直近後続馬から少なくとも6馬身前を走って、頭角を現した。生まれ故郷のイタリアを制覇したので、生産者はこの馬の前にあるクラシック・レースすべてのタイトルを拾い集めるため海外進出を決めた。リボーはヨーロッパで、従来のどんな駈歩競走馬よりもたくさん賞金を稼いだ。その後、アメリカ人に売られたリボーは、合衆国で最も規模の大きい生産者の一人オリン・ジェントリー（Olin Gentry）その人が責任をもって引き受けた道を進む。イギリスの始祖、伝説的なエクリプスにならって、リボーは負け知らずのレース生涯を終えた。

合衆国でも、種馬牧場で輝きを放つ。この種牡馬は凱旋門賞の勝利者2頭を含め50頭以上のグランドチャンピオンをもうけた。子供の1頭グラウスターク（Graustark）は、父親と同じく有名になった。ブルー・グラス・ステイクスで片脚を骨折したが、それでも粘り強さのおかげで、2着に入り評価を得た。人間にとっても、馬にとってもすばらしい教訓である。

チャンピオン
Les champions | ノーザン・ダンサー（*Northern Dancer*）

明日の
最優秀駈歩競走馬の父

ノーザン・ダンサーは種馬牧場で有名になった。レースのトップランナーを数々生み出したから。大半のクラシック・レース優勝馬の体内にノーザン・ダンサーの血が流れていると専門家は断言する。

カナダで1961年5月27日に、生まれたこの小型の鹿毛の特徴は、肢部の三白斑である。これは紛れもなく緩やかで優美な動きの通り王者の兆しである。しかし、その当時、この控え目な身体（からだ）の中に巨人を秘めているとは誰も気付かなかった。ノーザン・ダンサーは、1963年8月2日の勝利によって自分の生涯の第一歩を踏み出し、2歳のカナダ・チャンピオンになった。翌年、アメリカ合衆国で同世代の最優秀馬に指名された。リボーと全く同じく、この馬は間接的だがイタリアの生産者フェデリコ・テシオの出である。腱の裂傷のため、非常に早く競馬から遠ざかり、引退せざるをえなかった。1968年12月、合衆国で種牡馬となった。有名になり始めたのはそのときである。

マクトム・ド・ドュバイ（Maktoum de Dubayy）師が、その子の1頭を明け2歳馬の競売で102万ドルで落札、これが噂の種になる。その馬の名はスナーフィ・ダンサー（Snaafi Dancer）。ノーザン・ダンサー自身は、類を見ない種牡馬となる。その種付け料は100万ドル。過去3世紀で最も偉大な種牡馬だと言われている。現代種牡馬の帝王である。この馬は短距離馬[1]、中距離馬[2]、長距離馬[3]を生産したが、これらすべて自分たちの始祖の風格を共有している。種馬牧場では、毎年多数の並はずれた競争馬を生産するので、価格（種付け料）が高騰した。ダンチヒ（Danzig）、リファード（Lyphard）、ニジンスキー（Nijinsky）、ヌレイエフ（Nureyev）、ストーム・バード（Storm Bird）、ヴァイス・リージェント（Vice Regent）、その子供は順次全世界の競馬場で有名になり、レースの王者になる。1987年、26歳で引退し、1990年秋、生まれ故郷に連れ戻され、そこで埋葬された。

現在でも、程度の差こそあれ、先祖にノーザン・ダンサーをもたないクラシック・レースの勝利者に出会うのは珍しい。始まったばかりの21世紀初頭の10年間は、この種牡馬は評価されるだろうし、競馬レースのゴール地点で、この馬と多かれ少なかれ血のつながりをもつ馬の95％を見ることになるだろうと専門家は請け合う。

チャンピオン
Les champions レンブラント（*Rembrandt*）

うれしさを全身にみなぎらせるニコル・ウプホフ（Nicole Uphoff）。1992年、バルセロナオリンピックの馬場馬術競技でレンブラントに騎乗、金メダルを獲得する。

光り輝く、完璧な芸術家

選手ニコル・ウプホフは、このウエストファーレン種（westphalien）の鹿毛が3歳のときに買った。
そのときから、離れられないカップルとなり、難しい馬場馬術で、見事にドイツの完全制覇を打ち立てた。

彼女は自分の166 cmの背丈と軽快さで、この馬からアングロ・アラブの歩様を引き出した。デリケートな演技者レンブラントは、ニコル・ウプホフと完全に一体となる。彼女は愛馬に自分の命令を実行させるには、それを思い浮かべるだけで充分であると確信している。これは並の馬ではなく、エリートであり、魅力的で、運動するのが大好きなうえ、常に機嫌が良い。騎乗しても、曳き馬をしても、何ら反抗を示さない。極めておとなしく、何よりも優しくしてもらうことを好み、この馬とは何でもこなせる。さらに、何事にも興味をもち、生まれつき能力に恵まれているので、すべての夢が可能となるのだ。

1987年以降、イタリアにおけるジュニアライダーヨーロッパチャンピオンのタイトル獲得を皮切りに、夢は叶えられた。数多くの選手権やグランプリ、特に1988年のソウルオリンピックでの金メダル、続いて1992年のバルセロナにおけるもう1つの金メダルでその評価が確立するまで、すてきなカップルのキャリアを積み重ねた。

ニコル・ウプホフとレンブラントは一緒に運動する喜びを表現する。それは才能豊かな音楽愛好家の二重唱を思わせる。馬場馬術用の四角い馬場で規定運動課目を繰り返し楽しみ、その後で見事にピルーエット[1]を行い、観客を満足させるのである。競技の勝敗には無関心のレンブラントは、その優雅さ、曲線美によって17世紀のいとも名高い同名の絵画の巨匠をも魅了するであろう。

この馬は理解の非常に早い申し分のない芸術家で、その完璧な肢体がフットライトの光の中にアラベスクを描き出すのである。

チャンピオン
Les champions コランダス（Corlandus）

頭の良い、並はずれた頑固者

大型のホルシュタイン種コランダスに騎乗するマルギット・オット－クレパン（Margit Otto-Crepin）完璧な収縮姿勢。

昔々……、すべてがおとぎ話のように始まる。昔々、ドイツのフュルステンベルク（Fürstenberg）皇太子のお城における馬場馬術大会でのことである。大型で動作のぎこちないホルシュタイン種の馬が、馬房の中で退屈しのぎに妙な仕草をしていた。馬場馬術に優れた婦人マルギット・オット－クレパンは、そのおかしな馬と視線を交わす。この馬は全く婦人と同様、半分ドイツ、半分フランスの混血である。これこそ一目惚れと言うべきか、「私はこの馬をじっと見つめました。馬も私から視線をそらしません。背丈が180cmもある早熟の子供グラン・デュデュシュ（Grand Duduche）[1]　によく似ています。彼とすべてが同じですが、馬場馬術馬であるところが違います。それに、誠実そのものといった目をしていました」と語った。1980年、大変な物語が始まる。

それはこの世で最も美しい恋物語にあるような、かなわぬ恋心であった。マルギットは記憶に残るのっぽさんが忘れられず、手に入れたい一心であった。しかし、ドイツの馬を海外在住のドイツ人、それもフランス人と結婚したドイツ人には売らないと拒絶された。恋の虜になった馬術家は一度断られたこの馬を手に入れるため3年間奔走した。やがて戦う気力がなくなった彼女が諦めかけた、そのとき、1人の仲介者がその馬を勧めにやって来たのだ。

コランダスが3年にわたる希望と期待に伴われて彼女のもとにやって来たとき、彼女は、初めてこの馬に騎乗したのである。あれほど憧れた馬を自分の身体に一層

26

かよわいマルギット・オット‐クレパンと巨大なコランダスは体格に差があり、両者の性格も正反対である。にもかかわらず、素晴らしく仲の良いこの有名な互いに矛盾したカップルには、さらに騎手にはドイツ流の厳しさが、馬には長毛を伸ばし放題の気まぐれがそれぞれ加わるのである。

しみこませるかのように、彼女は1時間半も試乗した。「この馬にはかなわない、古典馬術の調教を混乱させます」。情熱と理論がマルギットの心の中で激しい戦いを始めた。「私は充分この馬とは理解し合えませんでした。が、非常に大きな技術問題を突きつけられました」と。相談を受けた友人達もこの並はずれた馬の魔力に抗し切れなかった。ほどなくサンタクロースがこの件を解決することになる。1983年の暮れに、マルギット・オット‐クレパンはコランダスに働きかけた。つまり、理論よりもむしろ情熱で向き合うことにしたのだ。

このとき、一陣の風がこの選手の几帳面な生活ぶりを吹き飛ばしたのである。コランダスがすべてを激変させ、混乱させる。この馬は興奮しやすく、非常に活動的でかつ威圧的、しかも頑固一徹な大物である。所有者が他の馬に乗ろうとするのを簡単には受け入れない。

ある日、怒り狂ったこの馬は、それまで厩舎のリーダー格だった隣の馬房の馬に飛びかかり、その顎の骨を折った。そのとき、後肢を高く蹴り上げたので身体のバランスを崩し、地面に倒れ、自分で激しく頭を打った。狭い空間では息苦しくなり、馬房の中に閉じ込められると気が狂いそうになり、果ては暴れだし、傷だらけになるので、大気と広い場所がなくてはならない。並はずれた、解放された、勇猛で気まぐれな暮らしぶりが必要なのである。

コランダスは、マルギット・オット‐クレパンに従って運動を始めた頃、バネ仕掛で動く繰り人形のようであった。猫のような柔軟性、ガゼルのようなスプリングを持ち合わせていたが、技術が欠けていた。しかし、それも非常に速く習得した。スウェーデン人はこの馬が高等馬術を上回るダンスのような演技をするので、"四本足のヌレイエブ（Noureiev）[2]と名付けた。

コランダスに騎乗するのは一瞬一瞬が戦いである。この馬はすべてを判断し、それを見事に披露することを心得ている。そしてしなやかさを楽しむ。これが馬の制御を困難にする。賢い馬で、すべてを理解し、他の馬なら覚えるのに数ヵ月かかることを直ちに、完璧に、実行する。だがしかし、すぐに飽きる。同じ運動を10回繰り返すことほど、この馬をいらだたせることはない。何事も即興的に行う王者なのである。陽気な性格のため、本能的に軽はずみに、飛び跳ねたり、子ヤギのように跳ね回ったりして、競技会では決まって格下げとなる。長所もあれば短所もある。この馬は最も華麗な移り気の権化だが、精神を集中したときの選手との緊密な結びつきは完璧で、選手が1つの運動を頭に浮かべるだけで、コランダスはそれを実行するほどだ。

競技会では、自分の名が放送され、フランスの国歌が流れ出すと、頭を上下に振り、「分かった、俺の番だ」と言っているようである。一部の人が世紀の馬だとためらわずに呼ぶこの天才的な馬は生まれつき人を引き付けるだけの魅力をもっている。あたかも肖像画のようにコランダスを賛美する詩が全世界から寄せられてくる。

マルギット・オット‐クレパンは、自分を憧れの馬の囚われ人だと思っている。まさに美しい恋の牢獄が選手と愛馬双方を大舞台へと導く。しばしば最高点に向かって。

チャンピオン
Les champions | アブドゥラ (*Abdullah*)

総合馬術競技から障碍飛越まで

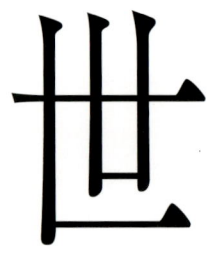

世界を魅了した1頭の馬、それがこの馬である。カナダで生まれ、ドイツで認められたこのトラケナー種（trakehner）は、3歳になるとアメリカ合衆国でチャンピオンとしての生涯の第1歩を踏み出す。き甲まで172cmの美しい葦毛の種牡馬は、9歳まで、傑出した馬場馬術馬であった。しかし、この馬は馬術の中でも最も条件の厳しい、最も難しい3種目が組み入れられた総合馬術競技にも出場する。

軍隊馬術に由来する総合馬術競技は、馬の全能力を活用するように仕組まれている。つまり、馬場馬術競技で始まり、馬の速力と耐久力、さらに変化に富む危険の多い自然障碍を通過する勇気を試すクロスカントリーがこれに続く。それほどエネルギーを消費した後、設定された障碍を馬が飛越できる余力を充分蓄えているかを確認するため、最後に障碍飛越競技で終わる。

総合馬術の障碍通過で、アブドゥラは抜群の飛越能力を発揮し、傑出した余裕で、自分が出場するすべての競技会で圧勝した。1980年から4年間、障碍馬となり、1983年、最後に競ったウィーンにおける世界チャンピオンまで、アメリカ、次いでヨーロッパのすべての競技に参加した。1984年、当時13歳、所有者はロサンゼルスで行われたオリンピック競技に目を着けた。結果、団体で金メダルを獲得。選手コンラッド・ホウムフェルド（Conrad Homheld）とは、完璧なコンビネーションであった。1985年、この人馬は、ベルリンにおけるワールドカップで金メダルを勝ち獲った。翌年、エックス・ラ・シャペル[1]の世界選手権大会で、団体金、個人銀を引き続き手にする。当時、アブドゥラは14歳、これは高度なスポーツに携わる者にとって尊敬に値する以上の年齢であるのに、さらに一流のチャンピオンを含む400頭を超える若い牡馬をもうけたのだ。

この馬は国籍を3つもち、馬術の3種目で頂点に立ち、有名になり、後に、卓越した種牡馬となる。

チャンピオン
Les champions | カリスマ（Charisma）

1984年、ロサンゼルスオリンピックでカリスマに騎乗のマーク・トッド（Mark Todd）。総合馬術競技のクロスカントリーの試練。優勝に輝く。

小柄の青毛
金を狙う

Charisma

障碍を怖がらない。小柄ながらもカリスマは名人芸で困難をいとも簡単に克服する。

こ のニュージーランドの息子は"オール・ブラック"[1]である。そのラグビー選手にならって国際的に有名になろうとするとき、カリスマはマオリ族の国に尽くす義務がある。サラブレッドの父と祖先にペルシュロン種をもつ母との異種交配のカリスマは、一方の気性の激しさと他方の耐久力と優しさを兼ねそなえている。そのジャンプ力は小柄な背丈に反比例の関係にある。カリスマは丈夫な心臓をもっていて、障碍に立ち向かうときには、これが翼を与えるのだと言うべきであろう。馬場では、その162 cmの背丈が、選手マーク・トッドの190 cmと奇妙に調和する。障碍飛越のような調教では、障碍に慣れることはむしろ大型の馬について言えることであって、他よりすぐれて、抜きん出るには障碍に慣れることではなく飛越能力が問題である。そしてマーク・トッドが騎乗するカリスマはずっと以前からその能力でもって演技している。このチャンピオンのコンビは、最近10年間における最も大きなスポーツの偉業の1つを成し遂げた。つまり、ロサンゼルスおよびソウルのオリンピックの総合馬術競技で2度連続して金メダルを獲得したのである。

8年間、カリスマはM・トッドとイギリスで生活を共にした。小柄で、落ち着きがあり、快活な素晴らしい馬で、体調を乱すものは何もなく、誠実なカリスマは運動に喜びを見出し、人気者によくあるスター気取りは微塵もない。馬場馬術では、冷静さと規律の尊守によって貴重な得点を稼いだ。クロスカントリーでは、全コースを滑らかさと猫のような敏捷さで走り抜けた。確実な、しかも非常にスピードの出るフォームで、1984年、バドミントン[2]における伝説的な障碍飛越競技の経路を2位でゴールし、有名になった。まことに立派である。障碍飛越では、遥か遠い国のこの小柄な青毛は実に幅の広い、素晴らしい能力をもっている。

チャンピオン
Les champions | ジャプル（Jappeloup）

小悪魔の障碍馬

ある占い師がアンリ・ドラジュ（Henri Delage）に「間もなく、あなたの厩舎で優れた馬が生まれるでしょう」と、この馬の誕生を予言した。彼には1つだけ待っていることがあった。それは1975年に子馬が生まれ、彼の農場の名前であるジャプルを子馬の名前にし、ジャプルの年にしたかったのである。

頃は17世紀、塩にかかる税金を支払わせるため塩税吏が探している貧しい1人の農民が、ボルドーの北にあるブライエの深い森の中に逃げ込んだ。その夜は一晩中、オオカミ（loup）が吠え続けた（japper）。朝になると、不幸な男の木靴だけが見つかったという。その3世紀の後、1975年4月13日青毛の見事な子馬が生まれた。この馬は、その出生の地の名にちなんでジャプル[1]と名付けられた。言うことをきかない、反抗的で自由気ままなこの小型の馬は、オリンピック・チャンピオン、ヨーロッパ・チャンピオン、フランス・チャンピオン、そして団体で、世界チャンピオンにもなるのだ。しかしながら、デビューは難しかった。生まれつき周りにあわせるのが嫌いなジャプルは、当初多くの人の心を捕らえることなどできなかった。日陰者の速歩馬と年老いたサラブレッドの競走馬の間にできた子供は、立派な障碍馬になるにはふさわしくない素性であった。しかも158 cmの背丈で、肉体的にも根性の点でも劣っていた。興奮しやすく、粗暴で、落ち着かず、孤独好きで、気難しい馬である。だが、確かに頭は角形で、とても洗練されているとは言えないが、毅然とした態度が強い印象を与え、桁外れの受賞経歴が取るに足らない素性を消してしまい、品位を高めた。

「ジャプルは小さいが暴れん坊であった。いつも、信じられないほどの力で私を振り落とそうとする曲者だ」と、有名選手、ピエール・デュランは語る。

　7歳のとき、ジャプルは間違いなくフランス選手権を射止める本命となる。それ以降、この馬は真のスターになり、そのカリスマ性、激しい気性、情熱が大衆を熱狂させる。1ドルが10フランであった時代に、所有者で選手のピエール・デュラン（Pierre Durand）に100万ドルにもなる金額が提示された。子孫を作る可能性のない馬にとっては驚異的な額である。事実、ジャプルは生後6ヵ月で去勢されていた。だが、P・デュランは自分の有名な愛馬が非凡であるだけに、決してこのお気に入りを手放そうとはしなかった。

　しかしながら、人馬が完全に一体になるまで時間がかかった。「ジャプルは束縛されるのを嫌い、支配しようとする。自分もそうだ」とP・デュランは語った。ジャプルには征服者の素質があった。この馬には不可能なことはない。悪魔的な魅力をもっている。各世代に1頭存在するかしないかのようなユニークな馬である。平凡な親から生まれたこの"おちびさん"は、自分の力量の頂点に到達したのだ。

　選手のP・デュランは、知られているような素晴らしい国際的キャリアを期待されてはいなかった。両者はお互いに相手の中に、共通する高い理想をもつパートナーを見つけ、彼らの意欲と熱心な訓練のおかげで、コンビは世界の桧舞台にのし上がったのだ。「我々がまさに人馬一体になった時期には、この馬が私の右腕になる以上に、私自身の延長部分になるように私は心を砕いた」。1988年、ソウルオリンピックで優勝したとき、P・デュランがジャプルの頸に金メダルをかけたのは、この計り知れない愛情がそう駆り立てたに違いない。

　飛び跳ねたり、ふざけたりする小柄な青毛の馬が、世界中の同情を誘う時がきた。1991年9月、エッフェル塔の下で行われたパリ・マスターズを機に、競技会に永久の別れを告げたのだ。そのとき、大空も大衆も一斉に「青毛の駒」の引退を惜しみ涙した。

　ジャプルは、最後の挨拶をしたちょうど1ヵ月後、飼付のとき、心臓発作で急死した。口に一切れの人参をくわえて。これまで猛烈な訓練を受けて引退したこの若駒は、生前そうであったように、貴人として葬られた。高級ワインの国、ボルドー地方の葡萄畑の真ん中で、素晴らしい運命の最後のピルーエットを演じたのだ。

自由を渇望したジャプルは、辛うじて耐えている束縛から自らを解放するため、すべての扉を開け放つことをすばやく学んだのだ。

チャンピオン
Les Champions | デイスター（*Deister*）

"ドイツ皇帝"に尽くす
障碍飛越の帝王

の1971年生まれのハノーバー種は、"ドイツ皇帝"の異名をもつその騎乗選手と同様、"帝王"の名に相応しい。それほどこのチャンピオンのカップルは国際障碍飛越競技大会を制覇した。デイスターはある悲劇が原因でポール・ショッケメーレ（Paul Schokemöhle）の人生に合流した。つまり、デイスターに騎乗していた1974年の世界チャンピオン、ハートウイッグ・スティーンケン（Hartwig Steenken）の事故死で、この馬は"孤児"になったのだ。"ドイツ皇帝"は自分の同胞である乗用馬のグループを買い取った。デイスターは、その中にいたのである。これが、まるで難攻不落の要塞のような金メダルを獲得する新たに組まれたカップルの完璧な融合の始まりである。最も美しい物語は時としてその前文に暗いドラマが隠されている。

デイスターとP・ショッケメーレはタイトル収集家の執念を燃やし、国際的な勝利を獲得し始める。ヨーロッパの三大選手権保持者と大型鹿毛は、自国では障碍飛越を決して行わず、馬はいつでもどこでも体重の軽い女性厩務員と運動した。チャンピオンは馬の感性をより良い状態で保持するため、競技会ではもっぱら自分が騎乗することにしている。確かにデイスターの敏感な感性は、美しい褐色の毛並みの表面にただよっている。だが、いつも従順なわけではない。極端に興奮しやすいこの馬は、些細なことに拒絶反応を示すおそれがある。つまり、世界選手権大会においてさえも、横木を敬遠するあまり、拒止したり、執拗に逃避したりする。幸い、たいていの場合、"皇帝"の名人芸に御されて飛越する。後肢を見事に横にねじ曲げる独特のスタイルである。

今日賞賛に値する第二の生涯に恵まれ、デイスターは馬の世界における歴史上のすべての大物同様、一時代を画した。以後その名は後肢を少し斜めにし、やすやすと障碍を飛越する方法につけられた。ところで、この障碍飛越の帝王はその後、自分の生涯を"いい加減"に送らなかったことは言うまでもない。

1987年、ヒクステッドのシルク・カット・ダービー（Silk Cut Derby de Hickstead）におけるポール・ショッケメーレとデイスター。

チャンピオン
Les champions | ミルトン（Milton）

"ミルトンはいつも手の内にあり、御しやすい。耳を傾けて、あたかもこれから何が起こるかを理解しているようである。次の障碍を見ていなくても、私が要求しようとすることが分かっている"と選手ジョン・ホイテーカー（John Whitaker）は述懐する。

詩人の魂をもつ
イギリスの馬

どこまでも優美なミルトンは、穏やかさ、優しさ、純真さを匂わせている。17世紀のヨーロッパ最後の叙事詩の偉大な詩人の1人、とりわけ『失楽園』や『復楽園』の傑作を残したイギリス人ジョン・ミルトン（John Milton）の名を名乗っている。この馬ミルトンは、詩人ミルトンの楽園のイメージにふさわしい。

ミルトンは、1977年4月、オックスフォードの近くで生まれた。無骨者ジャプルと違って、イギリス貴族である。国際コンクールの偉大な覇者であるマリウス（Marius）を父に、非常に良い血統の若い牝馬エポレッタ（Epauretta）を母にもつエリートである。父マリウスに騎乗していた名選手カロリン・ブラッドリ（Caroline Bradley）が1000ポンドで買ったとき、将来チャンピオンになるこの馬の年齢は6ヵ月であった。今後どうなるかについては全くの未知数。ミルトンが自分の父親の後を継いで、カロリンとともに踏み出した障碍飛越の道は、彼女が競技中に心筋梗塞で倒れるまで続く。が、そのとき、ミルトンは6歳で"孤児"となる。

2年後の1985年春、ジョン・ホイテーカーがこの馬の専属騎乗者になり、カップルが出来上がったのである。両者は互いに似ている。人呼んで詩人J・ミルトンの再来だと。詩人にはケンタウロス[1]らしいところは微塵もなかったのだが。

勝利の総数では、イギリスのミルトンとフランスのジャプルは引き分けとなったに違いない。が、これら2頭は自分らが歩んだ道全行程を通して、互いに自分自身の価値を高め合い、対決することを止めなかった。上手に格好を付けたがるミルトンは、堂々とグランプリを獲得したときは、ウイーンのスペイン乗馬学校のそれに匹敵するピルーエットを演じた。

1994年9月、ミルトンはグラスゴーで最後の障碍飛越の経路を通過するのだが、引退するにあたり、ジャプルとカナダの巨人ビッグ・ベン（Big Ben）と一緒に国際的なツアーに加わる栄誉に浴したのはミルトンだけであった。1999年7月、疝痛[2]に見舞われ、22歳で急死した。

チャンピオン
Les champions | アルクル (Arkle)

消え去ることのないアイドル

馬主のアンヌ・ド・ウェストミンスター（Anne de Westminster）公爵夫人に引かれて退場するアルクル。

アルクルはステープル・チェイス[1]用の並はずれた馬である。数多くの自然障碍を配したこの種のコースには、あちこちに罠が仕掛けられているにもかかわらず、アルクルは失格したことがない。アルクルの名前だけでステープル・チェイスの種目を連想させる。

この馬はまさにアイドルである。ファンはその蹄鉄を大枚をはたいて買った。ダブリンの競売で1200ポンドでこの若駒を買った馬主は大儲けをした。アルクルがこの道の頂点を極めたのは、例外的な馬だけが成し得る記録を樹立したからである。そのためには、600もの障碍を飛越しながら、150 kmを駈歩で走破しなければならなかった。

人気のある70レースのうち、この馬は35レースで優勝した。その最も有名なものにはチェルテナム（Cheltenham）、アイルランド・グランド・ナショナル（Grand National d'Irlande）、キング・ジョージ6世ステープル・チェイス（Steeple-chase du roi George VI）、ヘネシー（Hennessy）や、その他多数ある。1レースだけ失格になったのがあった。稀にハンディーの軽い馬に負けるが、アルクルはゴールまで力を抜くことなく粘り強く戦った。

チェルテナムの優勝杯争奪戦で3度連続優勝したが、最初に勝ち名乗りを上げたのは1964年であった。1966年、伝説的生涯の絶頂のとき、痛ましい事故の犠牲となった。ケンプトン・パーク[2]（Kempton Park）の競技の際、蹄冠と肢の骨を痛め、直ちにレースから遠ざけられた。

2年間、馬主のアンヌ・ド・ウェストミンスター公爵夫人、調教師、ファンは辛抱強く、見守りながら、快復を待った。しかし、競技に返り咲くことができるとは誰も予測できなかった。そこで、馬主はもはやレースに参加させないと決心した。1970年、アルクルはついに引退したのだ。

ちょうどその時期、"年間最優秀馬"を選ぶ"名士"の前で行う行進に参加したときには、王室メンバーの影が薄くなるほどの熱烈な歓迎を受けた。

アルクルは誰もが見破ることができない、一流選手になりうる稀な性格、つまり、勇気、生に対する愛着、技量に対する意欲および闘志を巧みに兼ねそなえた性格をもっている。

34

チャンピオン
Les champions | アル・カポネ II (*Al Capone II*)

障碍レースを完全に支配

アル・カポネ II はザ・ハーグ・ジュスラン賞を7回連続獲得するという快挙を成し遂げた。
この賞は5500 mの長丁場で、秋の大ステープル・チェイスと考えられている。

アル・カポネ II は驚くべき馬である。1988年3月20日に生まれたこの小柄な馬は純血種ではないが、長期にわたり目を見張る業績を残した。ステープル・チェイスの選び抜かれた世界でも、かつて見たことがないと言われている。しかしながら非常に程度の高いチャンピオンを調教する困難な訓練に熟達している指導者バーナード・セクリ (Bernard Secly) でも自分のお気に入りの卓越ぶりがいつまで続くのか説明できなかった。この馬について、彼は、「この種の名馬は知っている。しかし、アル・カポネ II のようなチャンピオンは初めて見た。来る年も、来る年も、常にトップクラスの座にとどまっているのではなかろうか」と褒める。

アル・カポネ II には壮挙が色々あるが、中でも5500 mの長丁場で、秋の大ステープル・チェイスと見なされているザ・ハーグ・ジュスラン賞を7年間連続優勝したのである。それだけではない！アル・カポネ II が12歳のとき、同期デビューの馬がたくさん、競馬場から去り、遠く離れて引退生活を送っているのに、相変わらず強豪を相手に数馬身も引き離して障碍レースを身軽に飛び回っていたのだ。

4歳でデビューし、まだせいぜい7ヵ月経過したばかりなのに、アル・カポネ II は同世代の中で最優秀障碍競走馬に選ばれた。そして毎年決まって「年間最優秀馬」に指名され、20世紀を終えた。1993年以来続いた成績である！受賞者名簿によれば、この馬の稼ぎだけがその額の大きさを競うのである。アル・カポネ II の記録では1500万フラン近くの額で、1度ならずライバルに圧勝した。

純血種の母と半血種の父をもつアル・カポネ II は、希少な産駒である。どちらかと言えば、これは一般に行われている逆の組み合わせである。この小柄な鹿毛は腰が充分発達し、競走向きの体つきで、チャンピオンになる資質をすべてそなえている。「アル・カポネはいつもレースのことを考えている」と調教師は言う。この「いたずら小僧」は驚くべき根性の持ち主である。10歳のとき、レースの最中に蹄の1つがひび割れし、重傷を負った。しかし、翌年、華々しく、強い意志で、首尾よく復帰した。

35

歴史上の英雄
Les héros de l'histoire | ラムセス2世の馬 (Les chevaux de Ramsès II)

王の自分の牡馬に対する賛辞

ラムセス2世の威光はすべてルクソール（Louxor）の大神神殿[1]を見守る座像に内在している。

カデシュの戦いで忠実な軍馬に引かれた戦車に乗るラムセス2世、ヴィクトワール・ダン・テーベ（Victoire-dans-Thèbes）とムウ・テ・サチスフェト（Mout-est-satisfaite）の2頭。

ラムセス2世は太陽神の生きた化身である。約3200年前、この非凡な人物が君臨した66年の統治期間に歴史に残る最も偉大なエジプト王の1人が成長した。しかしながら、遠くアジア方面から来たヒッタイト族の騎馬隊はこの生き神様の王座を脅かす。

両軍はシリア北部の難攻不落と謳われた城塞カデシュを前にして対峙した。カデシュの戦闘はほとんど1日中続き、ラムセスが戦いの山場をつくった。それらを詳細に説明した文書がたくさん残っている。

ヒッタイト軍の策略にさらされたラムセスは、自分の軍隊が分断されるのを見て取るや、猛烈な勢いで戦闘に分け入り、敵兵を恐怖に陥れた。彼は我が身に宿る神の威光を信じきって、6回も繰り返し反撃した。激情した彼はまさに"太陽神ラー[2]に選ばれた人"であった。そのとき、彼は真に神になった。しかしながら、これは彼を盾で護りながら、武器を渡してくれた近侍メンナ（Menna）の勇気と自分たちの主人と同じように豪胆な2頭の馬の力のおかげであった。

"ヴィクトワール・ダン・テーベ"と"ムウ・テ・サチスフェト"は、ラムセスの戦車を引いた2頭の駿馬である。王は両手を自由にするため、手綱を腰に巻き付け、矢を次から次へと射続けた。馬は主人の命令に呼応して、駈歩よりもむしろ飛ぶようにして、死体の上を駆け抜け、ヒッタイトの戦車を転倒させた。両陣営の馬や兵士らは重なり合って横たわった。ヴィクトワール・ダン・テーベとムウ・テ・サチスフェトだけが厳しい任務を果たし続けた。「これは人間業ではない」と、もはや無力となった敵方ヒッタイトの軍勢が叫んだ。

戦いが済んで、勝利者ラムセスは、これら2頭の功に報いるため感謝の詩を贈る。1966年、ピュグマリオン版、クリスティアンヌ・デロシュ-ノブルクール（Christiane Desroches-Noblecourt）の『ラムセスII、歴史上の真実』の中で発表された抜粋は次の通りである。

「余は無数の外国を征服した。それも余の偉大な馬、ヴィクトワール・ダン・テーベとムウ・テ・サチスフェトが引く戦車だけで。余が頼りにしたのはこれらの馬。……余が宮殿にいるときは、毎日、余自身の面前で飼い付けをさせることを続けるであろう。戦闘のまっただ中で、余の目に付いたものはこれらの馬だ。……」。

ラムセスの感謝の気持ちはこれらの詩や、彼の勇敢な戦友に飼料

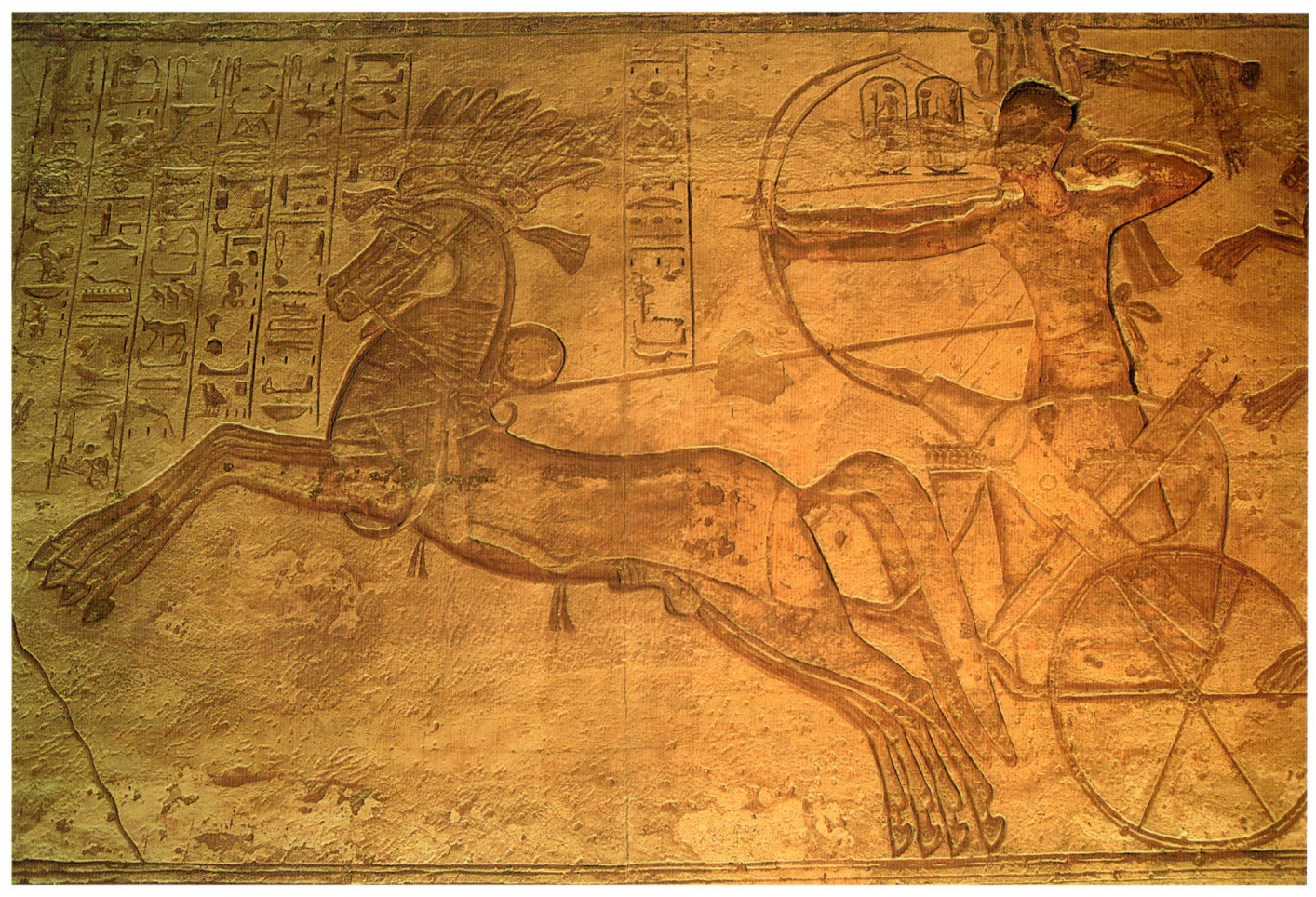

敵を攻撃するラムセス2世。アブ・シンベル（Abou-Simbel）寺院の隔壁に神聖文字で刻まれた長い叙情詩の物語はファラオ（Pharaon：古代エジプト王）を崇敬するものである。

を与えるため、王立厩舎に欠かさず足を運ぶことだけにとどまらなかった。国中で最もすぐれた金銀細工師に、宝石の台座が飼桶の前にいる彼の馬2頭を表す金の指輪を作らせた。こうすれば、王はいつも馬の仲間でいられるからだ。何世紀も後に、エジプトの副王ムハンマド・アリ（Méhémet-Ali）は、サッカラ[3]にある神牛の墳墓発掘の際に発見されたこの風変わりな指輪をフランス王シャルル10世に贈ることになる。その指輪は現在、ルーブル博物館に展示されている。ことほどさように、並はずれたこれら2頭の馬の回想は偉大な主人に倣って、時代を駆け抜け、真っ直ぐ世界の歴史の中に織り込まれることになるのである。

テーベ（Thèbes）にあるラムセス2世が埋葬されている寺院。その浅浮彫りはカデシュ（Qadesh）の戦いを再現している。

歴史上の英雄
Les héros de l'histoire

ブケファロス[1]（*Bucéphale*）

アレクサンドロス大王が調教した荒馬

15世紀の細密画は、立派な孔雀の羽のような尾で飾られた一角獣に似ているブケファロスに騎乗したアレクサンドロスを描いている。2つの特徴が彼の威厳を増大させる。

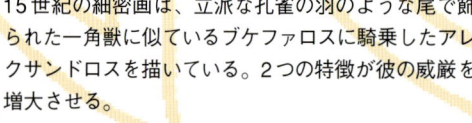

ブケファロスはマケドニアのフィリッポス王（Philippe）の子アレクサンドロス大王（Alexandre）の馬である。そもそもその名はギリシャ語で"馬の友達"を意味する。22歳でペルシャ人を打ち破った勇者とその愛馬との恋物語は、おそらくこの世で最も美しいものの1つであり、また最も魅力的でもある。両者はほとんど同い年齢で、30歳代の初めに共に死ぬ。この人馬は協力し合って世界を征服した。

ブケファロスは、ギリシャのテッサリア（Thessalie）[2]地方の最高の品種に属する。上半身が人間、それ以外の身体が馬の神話的創造物ケンタウロスはこれに由来する。ブケファロスとその騎手アレクサンドロスはこれら空想的存在の最も成功した、最も完璧な化身を作り上げることになった。

ブケファロスの名前は「雄牛の頭」をもつことを意味し、平たい額と鼻孔の間隔が広く、短い鼻を示し、毛色は青毛で、額には白い星があった。目は虹彩を放ち、虹色は白い輪で囲まれていた。そして当時の大半の馬より遙かに大きかった。

アレクサンドロスは自分の熱情的な愛馬と同じで、祖先はギリシャ人、紀元前356年生まれ、本質的に神の性格をもっていると言い聞かされて育った。彼は自分の直系の祖先はアキレウス（Achille）[3]だと母から教えられ、それを主張した。さらに彼はホメロスの有名な英雄叙事詩イリアスを一冊いつも枕もとに置いていた。

ブケファロスは非常に激しい気性で誰も乗ることができなかった。たった12歳で、すでに戦争に参加した経験をもつ熟達した騎手アレクサンドロスは、このじゃじゃ馬に騎乗し、調教に挑戦することになった。彼はこの青毛の大きな馬の盲点を探し、行動を研究することから始めた。やがて、この動物が自分に近づいてくる人影におびえるように、自分の影をも怖がることに気付いた。馬を優しく扱うこの若者は、その馬を太陽の方に向けて跨った。そして四方八方に駈歩で走らせてから父の前に戻った。「我がせがれよ、お前自身の王国をお前のために探し求めよ。マケドニアはお前には小さすぎる」と預言者たる君主は言った。

この日から、ブケファロスは、鞍を置かなければ抵抗なく厩番を乗せたが、王家用の装具を着けると、アレクサンドロスの騎乗だけを受け入れた。その際、主人が乗馬しやすいように、この馬はひざまずいたのである。

ほぼ20年間、アレクサンドロスとブケファロスは共に戦った。紀元前333年、イッソスの戦いでペルシャ王ダレイオスを打ち破ったのが大勝利の1つである。この伝説的コンビは、ギリシャの国境をエジプトからインドまで広げた。そしてアレクサンドロス大王はアレクサンドリアの都市を建設した。偉大なギリシャ人とその愛馬は当時知られていた世界の大部分の支配者となり、征服した民族の間

38

アレクサンドロスを背に乗せた青毛のブケファロスは、あたかも15世紀半ばのヨーロッパにおける風情を想像させるようである。

樽の中の哲学者ディオゲネス（Diogène）[4]が「そこを退いてくれ、俺に日が当たらないから」とアレクサンドロスに言ったときの両者の出会いは有名なエピソード。

にギリシャ風文化を伝播することに貢献した。

しかし如何に見事な伝記でも終わりがある。アレクサンドロスとその切っても切れないブケファロスの伝記も、懸念されたとおり、つまり紀元前326年アレクサンドロスがパンジャブのインド王ポロスと戦火を交えたヒュダスペスの戦闘で幕を下ろすことになる。致命的な傷を負ったにもかかわらずブケファロスはアレクサンドロスが他の馬に騎乗することを拒み、最後の力を振り絞り、自分の堂々たる主人を勝利に導いた。血と汗で彩られた勝ち戦だったが、ブケファロスは傷には勝てずとうとう長々と横たる。

マケドニアの王は愛馬を失ったが、それ以上に、真の友を亡くしたことを嘆き悲しんだ。アレクサンドロスはこれに報いるため、栄誉礼をもって愛馬を埋葬し、この地に、ブーケファラという名の都市を建設し、永遠にこの友人に捧げた。

歴史上の英雄
Les héros de l'histoire | インキタトゥス（Incitatus）

カリグラが
こよなく愛した馬

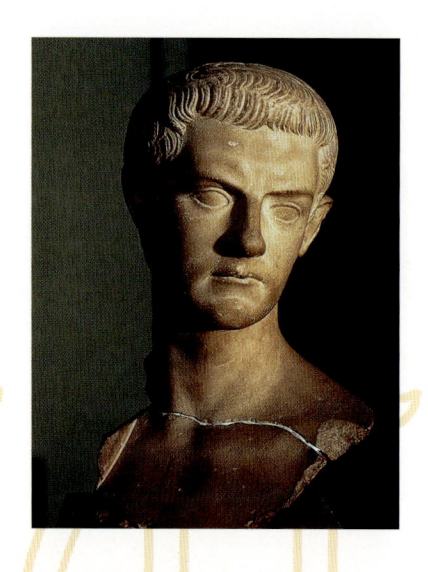

歴史上カリグラ（Caligula）の名で呼ばれているガイウス・カエサル・ゲルマニクス（Gaius Caesar Germanicus）の上半身。ルーブル美術館所蔵。

ローマ皇帝はしばしば宮廷の記録に倣って、自分のお気に入りの馬には並はずれた好みをもっていた。ルキウス・ウェルス（Lucius Verus）は、ウォルクリス（Volucris）に干しぶどうやピスタチオの実を与え、真紅の馬衣を着せ宮廷に招き入れた。そして、その馬が死ぬと、その金製の肖像を馬着で美化し、彼はバチカンの谷に墓を建てさせた。質素なハドリアヌス（Hadrien）は、自分のお気に入りの馬ボリステヌ（Borysthene）のためには墓碑を建てるだけで満足した。

ところで、カリグラは全皇帝の中で最も突飛で、しかも桁外れであった。彼はインキタトゥスに気違い染みた愛を注いだ。つまり、象牙の飼料桶をしつらえた大理石の馬小屋を造り、驚くべきことに、純金の水瓶を準備し、それでワインを飲ませた。動物がこのような待遇を喜ぶとは誰も思わない。

円形競技場での競技の前日には、インキタトゥスの安眠を妨げる物音がしないようにと、兵士が派遣された。この時代、ローマでは食糧など生活必需品の運搬は荷馬車で行われていたが、交通渋滞緩和のため昼間は禁止されていた。したがって、荷馬車は夜往来し、住民達はひどい騒音で不眠に悩まされていたのである。

インキタトゥスが装着している宝石類をちりばめた緋色の装具と極上の真珠の首飾りは、彼の個人的な富を誇示しているだけである。彼は調度品をそなえた宮殿をその馬に与え、そこでは大勢の奴隷が忙しく立ち働いた。王は貴族の華やかな若い女性が自分の宮殿に食事に来たり、自分のテーブルに招いたりすることを好んだ。しかし、それらは君主の乱行を満足させるどころではなかった。彼は自分自身が神性の高位聖職者であると宣言し、インキタトゥスを大司教とした。そしてこの地位を根拠に、王は自分の馬を執政官に任じた。これはやり過ぎである。皇帝親衛隊の衛兵ケレアス（Chéréas）は、報復の短刀一突きで王の錯乱に終止符を打った。残念だが、歴史はインキタトゥスのその後については語っていない。

王座に座るカリグラは、自分が非常に愛した馬インキタトゥスに恭しくお辞儀をする宮廷人を見守っている。

歴史上の英雄
Les héros de l'histoire
バラメール（Balamer）

軍隊の先頭にいるのはアッティラ（Attila）。彼が神の座に就くのを可能にしたのはお気に入りの駿馬バラメールである。

ステップ[1]における種牡馬の雄

アッティラは「余の馬が通ったところには、草も生えないだろう」と語った。事実、フン族[3]の王は、紀元の初頭から19年にわたる血生臭い統治の間、ヨーロッパを荒らし回った。荒れ狂った遊牧民が通過した後には、草が再び生えず、虐げられた民族が立ち直るには、時として時間がかかった。

フン族の長モンディオク（Mondiouk）の息子、アッティラは、434年、王になった。そのとき、彼は「天子」の称号を得る。ステップ民族の一部族でしかなかったフン族は、数世紀前から、ナム湖[4]を「太陽神」として崇拝していた。世界を征服するため、フン族に馬を与えたのは太陽神であるとされた。アッティラも自分の愛馬を持たなければ何事もなし得ない、彼が神の威信を手にできたのは、愛馬のおかげであるとフン民族は考えていた。

遠い昔から、吟唱詩人は戦の神の伝説的剣豪の物語を歌っていた。つまりそれは、大地を行く騎馬の一行が、途中で、神の力によって行く手を見失う。その一団は燃えるような意欲をもち続け、数百年も待ち望んだ末、とうとう剣豪を見つけ出す。かくして、剣豪は一団に最も優れた指導者の力と支配的地位を与え、それを手にしたものを世界の盟主にするというもの。神話の剣豪の範を体現したのが王のお気に入りの駿馬バラメールで、その主君であり騎手が最強無敵となるのである。天子は自分の愛馬の知力のおかげで、それ以後は神としての本質をもち、大草原の絶対的盟主として頭角を現す。バラメールが自分の発想から何らかの威信を引き出したのか、1人の生き神様の愛馬になるべく運命づけられたのがバラメールなのかは誰にも分からない。

伝説が語っていないことは、絶対的権力を手に入れるため、アッティラ自身が神話を作り上げたのかどうかである。つまり、即位以来、彼は王位を剥奪されていない。彼の天才的な特性は、自分の大切な軍馬に偵察に行くのを許したことである。それが民衆の目には最も納得しうる冒険的行為で、馬がいなければ、王の存在はありえないからである。

東西両ローマの皇帝に勝ったアッティラは、ガリア[2]で、次にイタリアで猛威を振るう。彼の残酷な支配は自分の勇敢な馬に支えられていた。

41

歴史上の英雄
Les héros de l'histoire
バビエカ（Babieca）

エル・シッド[1]（Le Cid）の無念を晴らす勇者

自分の忠実な軍馬バビエカに跨る国土回復運動初期の英雄エル・シッド。700年にわたりスペインを占領したムーア人はついに追い出された。

バビエカは、30年にわたり、スペインの国土回復運動の英雄シッド・カンペアドール（Cid Campeador）、つまり、最初の語はアラビア語sidi"君主"が語源、次の語はスペイン語で"偉大な戦士"を意味するエル・シッドの名でよく知られている本名ロドリーゴ・ディアス・デ・ビバール（Rodrigo Diaz de Bivar）の貴重な軍馬であった。カスティーリャ[2]のブルゴス近郊で1043年に生まれたエル・シッドは、ムーア人に400年近く占領されていたバレンシア[3]の町を解放し、後世に名を残した。

バビエカは、エル・シッドの名付け親で"偉大なペテロ"と呼ばれた司祭が彼に贈ったアンダルシア種の白毛の牡馬である。当時、スペインの修道士は馬を飼育していた。エル・シッドは、その国で最良の若駒数頭を勧められたが、彼が選んだのは、司祭が貧弱だと思っていた1頭であった。無性に腹を立てた司祭は名付け子を"バビエカ（意味は馬鹿者）"呼ばわりした。それが弱々しい若駒の名前になるのだが、その馬は後に勇猛な戦闘馬に成長する。従順で機敏な最良のアンダルシア種は、闘牛場では雄牛を前にして持ち前の威厳とおおらかさを示すが、この馬も素晴らしい軍馬、恐るべき兵器となった。

バビエカは、自分の主人のお供をしてすべての戦場に赴き、いつも勝利に導いた。しかし、それはバレンシアがムーア人に取り囲まれた1099年の不幸な日までである。そのとき、致命傷を受けたエル・シッドは今わのきわに決心をした。つまり、最後に自分の兵士達を戦場に導くため、バビエカの鞍に自分の身体を縛り付けるように命じた。自分の死を敵に覚られてはまずい。なぜなら、対峙している兵力がほぼ拮抗しているこの重大なときには、心理作用が最も重要な役割を果たすからである。すでに息絶えたドン・ロドリーゴは、バビエカの鞍に座り、敵を討つための盾を腕に、剣を手に紐で縛り付けさせて、復讐者のように真っ直ぐ身を起こしていた。

午前0時を合図に、バビエカは1頭で、沈黙を守り白い衣装をまとう軍隊をムーア人の陣営に導いた。これがスペインのこの地におけるアラブ支配の終焉である。バビエカは自分の背に乗る騎手の復讐を果たした。エル・シッドは一度修道院に埋葬された後、遺体はブルゴスの大聖堂に移された。バビエカは、その2年後にこの世を去るまで、如何なる騎手にも仕えることはなかった。

エル・シッドの騎馬像は、スペイン北部のブルゴスの町を見守っている。

歴史上の英雄 *Les héros de l'histoire* | マゼーパの馬（*Le cheval de Mazeppa*）

心ならずも冷血漢

たくさんの芸術家と同様に、ドラクロア[1]（Delacroix）もマゼーパとその愛馬の両者共通の苦難を描いた。

イワン・ステパーノビッチ・マゼーパ（Ivan Stepanovitch Mazeppa）は、1644年、キエフ近郊に生まれ、1頭の馬のおかげで伝説となった。ウクライナ地方の貴族であった彼は、ポーランド王ヤン2世カジミエシ（Jean II Casimir）の侍臣だったが、密通の現行犯でポーランドの一貴族に捕り押さえられた。有罪と判決された彼は、この逆境によって、時代と国境を超えて有名になった。

事実、彼は裸体にタールを塗られ、それまで誰も乗ったことがない野生馬に縛り付けられた。この奇妙な乗り手に驚いた馬は、韋駄天走りに暴走し、彼をポーランドからウクライナまで運んだ。極度に疲労した野生馬はそこで死んだ。幸運にも故国に連れ戻されたマゼーパは、馬上で気を失っているところを、コサックの若い娘に発見された。

この悲運の逃避行を通して、拷問を受けた男とその馬の図らずも結ばれた一組はそれ以降、不死身となり、全ヨーロッパの芸術家の創作意欲を刺激した。1827年のブーランジェ（Boulannger）やヴェルネ（Vernet）に倣ってシャセリオ[2]（Chasseriau）は、1853年、その情景から素晴らしい絵画を制作した。バイロン卿[3]（Lord Byron）は、この物語を壮麗な詩で表現し、一方、ヴィクトル・ユゴー（Victor Hugo）は、彼の最も美しい「東方詩集」の中の詩でマゼーパの熱情的な行程をインスピレーションによって魅了された詩人の怒りの中ににじませている。

コサックに助けられたマゼーパは、彼らの陣営で働くことになり、1687年コサック軍の首長、つまり軍司令官に任命される。ロシアの君主ピョートル大帝（Pierre le Grand）は、彼に自国の国境をタタール人の脅威から防衛することを委ねる。しかし、何はともあれ、1708年、スウェーデン王カルル12世（Charles XII）が彼にウクライナの独立を約束したので、この同盟関係に誠実な彼はロシアを裏切った。ところが、1709年ロシアの君主に対する戦いに敗れ、両者が共に失敗した後、トルコ人に保護されて、スウェーデン王とマゼーパはモルダビアのベンデリ要塞に避難した。敗れた彼は自国のために尽くす術もなく、すべての文書を焼いた後、服毒自殺した。

馬に関する現代抒情詩人バルタバスは、この悲劇的物語を題材にマゼーパを背にした情熱的な駿馬を称える映画を制作した。

歴史上の英雄
Les héros de l'histoire | エル・モルジロ（*El Morzillo*）

インディアンが
2度神に列する

コルテス（Cortess）は1519年メキシコに到着。アステカ帝国を滅ぼし、新スペイン（Nouvelle-Espagne）[1]の総督になるのに3年が必要であった。本国に帰還後、彼は冷遇される。

イベリア人の船乗りがアメリカ大陸の土を踏んだときには、そこに馬はいなかった。この大陸から馬が姿を消したのは8000年以上も前のことである。征服が始まると、馬は心理的に決定的な役割を果たす。つまりずっと以前からメキシコのケツァールの羽根をもつ蛇神[2]の報復をひどく恐れていたインディアンは、奇妙な、驚くべき動物、馬にも脅かされた。アステカ人を征服し、メキシコを手に入れたエルナン・コルテスは「我々の勝利は神の加護の次に、馬のおかげであった」と述懐した。

1519年、コルテスは、600人の兵士と11頭の種牡馬を含む16頭の馬の先頭に立ってメキシコに到着する。その内の斑点のある3頭はアパルーサ[3]の始祖となり、他はアメリカ色の強い馬となる。1頭だけ真っ黒の馬がいたが、その名はエル・モルジロ（El Morzillo）と言い、コルテス専用の馬となった。16世紀の中央アメリカにおける生活や進攻の条件は、人間や馬にとって共に厳しかった。到着してから5年後、エル・モルジロは肢に重傷を負い、もはや遠征についていけなくなる。コルテスは、この馬の世話をホンジュラスの友好的な住民に任せ、傷が治れば、すぐに取りに来ると彼らに約束した。

白人に信頼され光栄に思うかたわら、怖くなったインディアンは馬の世話については全く無知で、なす術はなかった。神の恩恵にすがりたくて彼らはエル・モルジロを神殿に連れていき、神のように崇め奉った。修道者は果物や若鶏の供物を持ってきた。しかし、不幸にして、皆の善意はすべて無知という悲劇を解消するには充分ではなかった。大柄の青毛エル・モルジロは見る影もなくなり、親切に世話をしてくれたインディアンを深い深い不安の中に残したまま、早々とこの世に去った。さあ、どうすればよいのか？白人が戻って来たら、何と説明したらよいのか？

戦いに忙殺され、アステカ族を壊滅させるのに忙しいコルテスは一向に帰ってこない。インディアンは、死んでしまった神のために彫像を建てようと決め

44

スペイン人は騎馬でインディアンを不安に陥れた。髭を生やした彼らの顔は恐れを増大させた。アメリカでは馬は知られていなかったので、騎手と馬は一体で半人間半動物の生き物と思われていた。

た。エル・モルジロは、雷鳴と稲妻の神となる。奇妙なことに、インディアンはペガソスが天に昇ったあと最高神ゼウスに雷と稲妻をもたらすというギリシャ神話を知らないのに、彼らのイマジネーションは、それとよく似ているのである。

1697年、スペインの軍隊が新たに最新の武器を持ってインディアンの畑の畝溝を通ってユカタンに向かって進攻し、コンキスタドレス[4]、すなわち宣教師が着手したインディアンを容赦なく完全に追放する活動を終わらせることになる。

2人のフランシスコ会の修道士オルビエタ（Orbieta）神父とフエンサリダ（Fensalida）神父は、ホンジュラスで雷鳴と稲妻の神Tziunchanまたの名をエル・モルジロという不思議な彫像を発見した。好奇心にあふれた人物というよりはむしろ仕事に対して献身的な聖職者であった彼らは未開人を良い方に転向させるため、異教徒の偶像を急いで破壊した。

2度味方に放棄され、2度インディアンに神格化されたエル・モルジロは、アメリカの馬の途方もない繁栄の中で、死を乗り越えて生き続けている。これらアメリカの馬は大西洋の向こうにある希望の土地の真の征服者である。これらの馬は自分たちの歴史の最も美しいページの中で、インディアンの民衆に、北米の広大な平原を提供したのである。

歴史上の英雄 / Les héros de l'histoire | コペンハーグ＝コペンハーゲン（Copenhague）

高級奉仕者

ウェリントン（Wellington）は語る。「おそらく、コペンハーグより早く走り、もっと優雅な馬はいるだろう。しかし、品位や耐久力ではこれに匹敵する馬を見たことがない」と。

馬としては最も高貴な貴族階級出身のコペンハーグが、戦場でイギリスの最も偉大な将軍の1人ウェリントン公爵のお供をしてから25年近くになろうとしていた。ダーレーアラビアンとゴドルフィンアラビアンの直系子孫エクリプスの孫であるコペンハーグは、19世紀初頭の典型的なサラブレッドで、栗毛の毛並みになおアラブの血が残っている。

コペンハーグは全生涯を通して、自分の立場をわきまえ、誇り高き真の軍馬として行動した。その母馬レディー・キャサリン（Lady Catherine）は、大英帝国の有名な人物グロヴナー（Grosvenor）将軍の鞍下で、コペンハーグの町の攻囲戦を戦った。そのような因縁で、軍馬になるように運命づけられた子がコペンハーグと名付けられた。この息子は、よく通る声でいななき、軍隊に敬意を表するが、人が近づくのを嫌がり、直ちにリュアード[1]で邪魔者を遠ざけた。リュアードの一蹴りのためそのいかめしく立派な公爵も、危うく命を落とすところであったが、落馬したおかげで、彼は幸運にも危機を切り抜けられたことがあった。コペンハーグは、その所有者同様、おとなしくはなかった。おそらく、それが両者互いによく理解し得た理由であろう。

1812年、ウェリントン公爵がスペインでコペンハーグを買ったとき、その馬は4歳であった。公爵はイベリア遠征中、いつもコペンハーグに騎乗した。なかでも、彼が経験した最も大きな戦いはワーテルローの会戦である。この記念すべき1815年6月15日に、歴史上の二大巨頭が両者馬上で相争うことになり、ウェリントンがナポレオンに勝利した。この敗北によってナポレオンの没落が決定づけられることになるのだ。

1836年、コペンハーグは27歳という長寿で死ぬが、軍隊の栄誉礼にのっとってハンプシャーの公爵領に葬られた。その墓碑には次の碑文が刻まれている。「この輝かしい日の栄誉は神の最もつつましい御心に通じるであろう」。ロンドンでは、記念の銅像が今も変わらずハイドパーク公園の一角の木々を見守っている。

1815年6月18日、ワーテルローの戦いにおけるウェリントン公爵とコペンハーグ。

歴史上の英雄
Les héros de l'histoire
マレンゴ (Marengo)

1800年6月14日、イタリア、ピエモンテにおけるマレンゴの戦いでのナポレオン・ボナパルト（Napoléon Bonaparte）。この勝利で、当時、第一執政官でしかなかった彼は自分の馬の名をマレンゴにした。

皇帝がどれよりも好んだ馬

マレンゴに騎乗するボナパルト。第一執政官は栄光のまっただ中。1804年フランス皇帝となったナポレオン1世は、1805年イタリアの王となる。

マレンゴはナポレオン皇帝専用の馬130頭の中の1頭でしかなかった。しかし、この小柄で毛並みが白色のアラブ種の駿馬は、偉人のお気に入りのようだった。1799年、エジプトの田舎から連れて来られ、1800年に会戦の名前が付けられた。この戦争では、小型の勇敢な馬が皇帝を勝利に導いたのである。

事実、マレンゴはナポレオンに似ており、ナポレオンもまたマレンゴに似ていた。両者とも小柄だが、勇敢で、生まれつき疲れを知らない素晴らしい体質に恵まれていた。ナポレオンは夜3時間しか寝ない。そして同時に数通の手紙を口述した。（一方）マレンゴは130kmの道のりを5時間かけて、駈歩で走り通すことができた。これはスペインのブルゴスからバリャドリードまでの距離である。しかし最大の壮挙はウィーンとセメリング（Semmering）間80kmを朝から何も食べずに走り抜いたことである。両者は戦争に対しては模範的な勇者で、火砲を恐れなかった。

1805年、マレンゴはナポレオンをアウステルリッツ、ワーグラムやイエナに運び、また1812年にはロシアからの退却の際、大量の死者が続出する中、皇帝を背に移動した。このように皇帝たる騎手に仕えるのは、容易な務めではない。マレンゴは雨氷のはった道で肢を滑らせ、兵士らは皇帝や兵士の士気を失墜させた敗走まがいの日々に負け戦の兆しを感じ取った。

1815年6月15日、ワーテルローはこの有名なカップルの最後の戦いとなる。22歳になったマレンゴは捕獲され、イギリスに送られて、帝国擲弾兵連隊[1]の将軍エンジェルステイン（Angerstein）に買い取られた。マレンゴは27歳になるまで、このイギリス人騎手に誠実に仕えた。そして38歳で死ぬまで厩で飼育された。

そこからマレンゴの死後の世界が始まる。その骨格は組み立てられて、サンドハーストの国立陸軍博物館に陳列されている。一方、蹄の1つが嗅ぎタバコ入れに加工され、エンジェルステイン将軍から衛兵小隊の士官に贈られた。この世の偉大な人馬の栄光と末路……。

Marengo

歴史上の英雄
Les héros de l'histoire ｜ イリス[1] XVI (*Iris XVI*)

反抗したため銃殺される

レクレール・ド・オートクロック（Leclerc de Hauteclocque）元帥の不自由な歩行と有名なステッキは、イリスXVIから落馬したのが原因だと言われている。

イリスXVIは、レクレール・ド・オートクロック元帥のお気に入りの馬であった。この有名な軍人がイリスXVIに愛情を抱き始めてから、この馬が1940年に不慮の死をとげるまでの物語は少なくとも予想外のことであった。両者の最初の出会いは、1936年のこと。未来の元帥は、ド・ゴール将軍の配下に入ったときからレクレールを名乗るようになったが、それまでのフィリップ・ド・オートクロック（Philippe de Hauteclocque）大尉はサン・シル陸軍士官学校の騎兵中隊を指揮していた。1936年の初頭、変わった馬が彼の目にとまった。活発で、怒りっぽく、腰が途方もなく長いイリスXVIは、厳密に言えば、美しい体形の理想的なモデルではない。それでも、フィリップ・ド・オートクロックはそれを選んで自分のものにした。月日が経つにつれて、この馬の卓越した特質が現れる。

ド・オートクロック大尉の背丈が相対的に高いので、代わりに大尉の友人でサン・シル陸軍士官学校の最も優秀な乗り手の1人ラ・ホリ（la Horie）大尉がイリスXVIに騎乗し、レースに出た。イリスXVIは、メゾン・ラフィット[2]やその他の競馬場で有名になった。興奮しやすい気性のこの素晴らしい軍馬は、色々な距離で、最も厳しい競走相手を引き離し、余裕しゃくしゃくで勝った。7人の陸軍将校がそれぞれ、この馬のスポーツに適する比類ない素質を認めた。ド・オートクロック大尉はパリの陸軍学校に迎えられた後も、日曜日には自分の馬に乗るのをやめなかった。

3年後、戦争が勃発したとき、兵籍に編入するには有名になりすぎ、優秀な軍馬になるにはわがままなイリスXVIは陸軍士官学校の厩舎に留め置かれ、1940年6月13日ドイツ騎兵の一部隊がその建物を包囲するまで、そこにとどまることになる。その部隊の司令官が優秀なイリスXVIを見たいと要望した。1939年、彼自身の馬が競馬でイリスXVIに負けたからである。しかしながら、彼が命令した当番兵には、その馬を見せる気は全くなかった。ここで、歴史は証言を躊躇するのだが、士官自身、あるいはおそらく彼の部下の1人がこの有名な馬を探し出す役目を引き受けた。気難しい駿馬は一見従順そうに見えた。しかし、厩の戸口を通るとき、曳き馬をしていた兵士に見事なリュアードを喰らわした。その男は死亡。ドイツ側の処罰は即

48

イリスXVIの現存する唯一の肖像画。
サン・シル陸軍士官学校の最も広い
馬場における雄姿。

凱旋門の前にたたずむ第2機甲師団の英雄。1944年8月。

刻かつ控訴なしに行われた。つまり、小隊の担当兵がイリスXVIを銃殺したのである。この馬は、その悪い性格が裏目に出て犠牲となったが、レジスタンスを実行することによって英雄として死んだ。何年も経ってから、この話を知ったレクレール・ド・オートクロック元帥は、「この馬は自分の主人と同じく愛国者だ」との言葉を残すことになる。

　異常な運命を背負ったこの馬にまつわる詳しいことは過去の霧の中に消え、他のことで有名になった。元帥自身の歩行の不自由さと彼の伝説となったステッキは、1936年、イリスXVIが突然後ずさりしたため元帥が落馬し、彼の脛骨を骨折して以来のことで、この馬のせいであると言われている。ラ・ホリ大尉は、第2機甲師団で未来の元帥の指揮のもとで戦い、1944年11月18日、ロレーヌ地方のバドンヴィレでの作戦行動中、とりわけ輝かしい戦死を遂げる。これはストラスブール解放によって数日後、判明するのである。元帥は愛馬の思い出として自分のジープをイリスXVIと名付けた。

　この馬の説明については多少矛盾するところがある。例えば毛並みは、あるときは鹿毛粕毛、あるときは栗毛と言われている。イリスXVIの肖像は非常に数が少なく、ほとんど現存しないのが実状である。唯一の肖像画はオートクロック大尉が馬術界で最もよく知られた時代、1939年に画家のアンドレ・マルシャン（André Marchand）に注文した絵画である。それにはサン・シル陸軍士官学校の大訓練馬場の中にいる馬が描かれている。そのとき以来、元帥の子息ユベール・レクレール・ド・オートクロック（Hubert Leclerc de Hauteclocque）が、この絵画を保管している。これは偉人をこの貴重な馬に結びつける愛情の目に見える最後の証拠である。

49

非凡な馬
Les prodiges | ジャスティン・モルガンの馬
(*Le cheval de Justin Morgan*)

モルガン種の本当の姿

Morgan

特に優れた馬がいるとすれば、まさにこの馬、1793年、マサチューセッツ生まれのフィギュア（Figure）である。その出自は全く知られていない。ウェールズだと考えているもの、またサラブレッド種ブルー・トリトン（Blue Triton）の子供だと主張するものがあり、今なおドイツだと信じているものもいる。しかし、確かなことは、フィギュアが最も美しい品種の1つで、現在モルガンの名を冠している品種をアメリカにもたらしたことである。

この馬はフィギュアと名付けられているが、歴史上、この品種には最初の所有者ジャスティン・モルガン（Justin Morgan）の名前が採用されたに過ぎない。この何の特徴ももたない馬が騎乗レースや繫駕レース、牽引競技で勝利し、中には考えられないほど激しい勝負だと評判になるものがあり、全国津々浦々で有名になる。ジャスティン・モルガンの並はずれた馬は優秀な種牡馬であり、その子供らは互いに競争相手にもなることが予測される。つまり、この馬は自分の子孫に優れた性質を伝え、やがて非常に多くの同じように優秀な馬であることを示す後継者の頂点に立つのである。当然のことながら、それらの馬の持ち主はその卓越した性質を保持するために互いの交配を試み、数十年の間に、1つの新種が生まれ、それに父親の名が付けられたのである。

栗毛、鹿毛あるいは青毛のモルガン種は、小型でき甲までの高さは140〜152 cmである。勇敢で、束縛されるのを嫌い、堂々とし、頭が良く、驚くほど美しい。その優雅さもさることながら気高さや耐久力も大したものである。この馬は障碍飛越競技のみならず、ウェスタン騎乗においても、また耐久レースや馬場馬術でもすべて同様に輝くことができるダイヤモンドである。

この種の始祖の彫像は、世界における最初のモルガン飼育の地、アメリカはバーモント州、ミドルヴァリの農場の入口に建てられた。

モルガン種のパイオニア、フィギュアの彫像、動物彫刻家フレデリック・ロス（Frederick Roth）の作。この作品はモルガン種のモデルとみなされている。

非凡な馬
Les prodiges | ゴドルフィンアラビアン（*Godolphin Arabian*）

不幸なしかし壮大な運命

1724年、チュニスの太守の厩で生まれたゴドルフィンアラビアンはバルブ種。この馬は今日の超一流の競走馬の始祖である。

波乱に富んだ3頭の馬の歴史が世界の馬の生産に大変革を起こした。これら3頭は神話に加えられるべき何かを持っていたのか。これらの馬は世界の全サラブレッドの、またフランスの速歩馬、アメリカンスタンダードブレッド(1)の祖先である。ジャプルからウラジまで、ノーザン・ダンサーからミルトンまで、すべて少なくともこれら3頭のうちの1頭の血を受け継いでいる。歴史上、これら3頭はアラブ種と考えられている。しかしながら、バイアリータルク（Byerlay Turk）は荒原の純血駿馬アハル・テケ種（akhal-téké）(2)の1頭であった。ダーレーアラビアン（Darley Arabian）はコクラニ種（kocklani）のアラブ馬と言われている。ゴドルフィンアラビアン（Godolphin Arabian）については、バルブ種の馬である。

1724年チュニスの太守の厩で生まれ、フランス王ルイ15世（Louis XV）に贈られたゴドルフィンアラビアンは、船倉の深い底に入れられ、地中海を横断した。しかし、当時、ヨーロッパの風潮はこの素晴らしい種牡馬の受け入れ態勢ができていなかった。上流社会はこの馬の激しい気性や駿足には冷ややかであった。異国風の小柄な馬は喜ばれなかったのである。ゴドルフィンアラビアンは、パリで散水車を引く境遇に戻り、労役用馬としての苦しい運命を背負うことになる。しかし、御者の鞭に曝されても威厳を保ち、堂々と振る舞った。やがて、イギリス人クロク（Croke）が、厳しい労働に従事していたこの馬に目を付け、購入し、ゴドルフィン卿（lord Godolphin）に提供したのである。このチュニジアの馬は、今度は英仏海峡を渡った。新しい主人の種馬牧場の当て馬になるためである。

当て馬とは、種牡馬に偶然舞い込む最低の役回りで、交尾の気分を高めるために発情中の牝馬のそばに連れていかれる。レディーに準備ができていれば、パートナーを受け入れるので、当て馬の代わりに本当の種馬を用いるため、直ちに人間が当て馬を引き離す。恋人が受けつけない場合には、当て馬は冷酷にも蹴られることになる。かくして一方の貴重な種牡馬は守られるのである。いずれにしても、不幸な当て馬にとっては、途方もない欲求不満となる。

ゴドルフィンアラビアンが牝馬と愛を交わす極めて稀なチャンスが訪れるのはずいぶん後のことである。つまり何の期待も、確信もない交わりから将来の名馬が生まれたのである。

非凡な馬
Les prodiges | 利口者のハンズ（*Hans le Malin*）

4つの蹄で足し算を

20世紀初頭の真のスターお利口さんのハンズは、最も明晰な科学者の知能に疑問を投げかけた。しかしハンズの足音が生み出す巧みな答えは、彼らに全く評価されなかった。動物行動の専門家と心理学者の間の論争の響きは、なおハンズが踏みならすそれぞれの蹄の下で鳴り渡る。というのは、お利口さんのハンズは計算のみならず、自分の母国語であるドイツ語を理解し、それを綴ることができたからである。

誰もが"お利口さん"と呼んでいるハンズは、いつも人前で演じた。観衆の中の誰でも算数の質問をすることができ、ハンズはそれに答える。4プラス2は？ハンズは蹄で地面を6度叩く。12マイナス5は？ハンズは7度叩く。専門家のグループは飼い主不在の場所でテストしようと思いつく。ところが、この馬はいつも同じ調子で間違わずに答える。いんちきをしない。出された問題に回答する。疑う余地はなかった。

1904年、ドイツの心理学者オスカー・フングスト（Oskar Pfungst）は、調査を始めようと決心した。そしてこの動物に関する詳細な研究に着手した。そして数ヵ月後、彼はハンズが見かけほど賢くないことを突き止めた。事実、ハンズは自分の蹄で打つべき音の期待される値に近づくと、観衆が常に自分に送ってくる無意志の僅かな徴候を感じとるのである。ハンズが熟慮するのではなく、観衆がハンズのために考えるのである。ハンズは人間の明確に現れない答えを自分には全く無縁の概念に置きかえて、伝えているだけである。なんと簡単なこと！今や、学者には知能を定義づける課題が残っている……。

ハンズは学者馬の中で最も有名である。本当に驚くべきことだが、4年にわたる調教の末、1905年3月、ベルリンに現れる。持ち主のフォン・オステン（von Osten）男爵は、ハンズが自分の考えを肢で地面を叩くことによって、表現できるようにするため、すべてを数字に置き換える方法を編み出した。

非凡な馬 *Les prodiges* ｜ トリガ（Trigger）

素晴らしいコメディアン

ジーン・オートリ（Gene Autry）とチャンピオン（Champion）の跡を継いでロイ・ロジャーズ（Roy Rogers）とトリガ（Trigger）は、西部劇の最も有名なカップルの1組となった。最もよく知られているのは馬なのか、それとも騎手なのかを指摘することは不可能である。映画の出演者名を映し出す画面には両者の名前は並んで現れる。

カウボーイの王様と呼ばれているロイ・ロジャーズの有名な金色がかったパロミノ種[1]がトリガである。"引き金"を意味する運命的な名前トリガは、"映画界で最も賢い馬"だとも呼ばれていた。R・ロジャーズと彼の駿馬のどちらが最も有名なのかは誰にも説明できない。両者は切っても切れない仲である。このカップルは、ロイと彼の妻"西部の女王"と謳われたダル・エヴァンズ（Dale Evans）のカップルと覇を競うほど固く結びついている。これら3者は、20世紀前半にハリウッドのみが生み出すことができた本当のスター・トリオとなった。

R・ロジャーズは80ドルでトリガを買った。しかし、数年後15万ドルでも手放さなかったほど、貴重な座をこの駿馬は持ち主の人生の中で占めるようになった。トリガは、ハリウッドにあるグローマン・チャイニーズ・シアターにあるセメントで固められた不滅の蹄跡の主で、1万ドルの保険がかけられた真のアイドルである。

1938年から1951年まで、トリガは91本の映画で主役を演じた。ロイが16歳になったトリガをサンフランシスコ・ヴァレイにある自分の牧場風大邸宅の敷地内で快適な老後を過ごさせるために、映画界から引退させるまでの期間、「これらの年月を通して、トリガは私ともども、一度も評判を落としたことはなかった」とこの馬の幸福な騎手は語る。トリガにすべてを捧げた2本の映画、つまり1946年の「ぼくの仲間トリガ（Mon pote Trigger）」と1949年の「黄金の駿馬（l'Étalon d'or）」の制作意欲を刺激した馬がこの1頭だけではないにしても、トリガはめったに見られない馬の中の1頭であった。

ハリウッドのもう1頭のスターはチャンピオン（Champion）である。もう1人の歌うカウボーイ、ジーン・オートリ（Gene Autry）所有のこの馬は、「世界で最も非凡な馬」の異名をもっていた。その調教師は、この馬はどんな芸でもすると断言した。「どんなリズムででも踊り、ひざまずく。クールベット[2]もすれば、スペイン常歩[3]でも歩く。歯で結び目をほどく。笑い、自分の人気を心得ていて、いつも臨機応変に名を残す」と。もちろん炎の輪をくぐり抜けたり、紙に描かれた絵を突き破って飛越したりする。チャンピオンもまたハリウッドでは後世に名を残した。毎月千通以上のファンレターが届くほど有名であった。

好奇心にあふれ、賢いこれらの馬はおどけてみせる芸や、否定し難い能力をもっていた。そして、カメラに対する鋭いセンスをそなえていた。トリガは1965年33歳で死んだ。この馬は、カリフォルニア、アップル・ヴァレイのロイ・ロジャーズ・ウエスタン博物館に剥製となって保存されている。

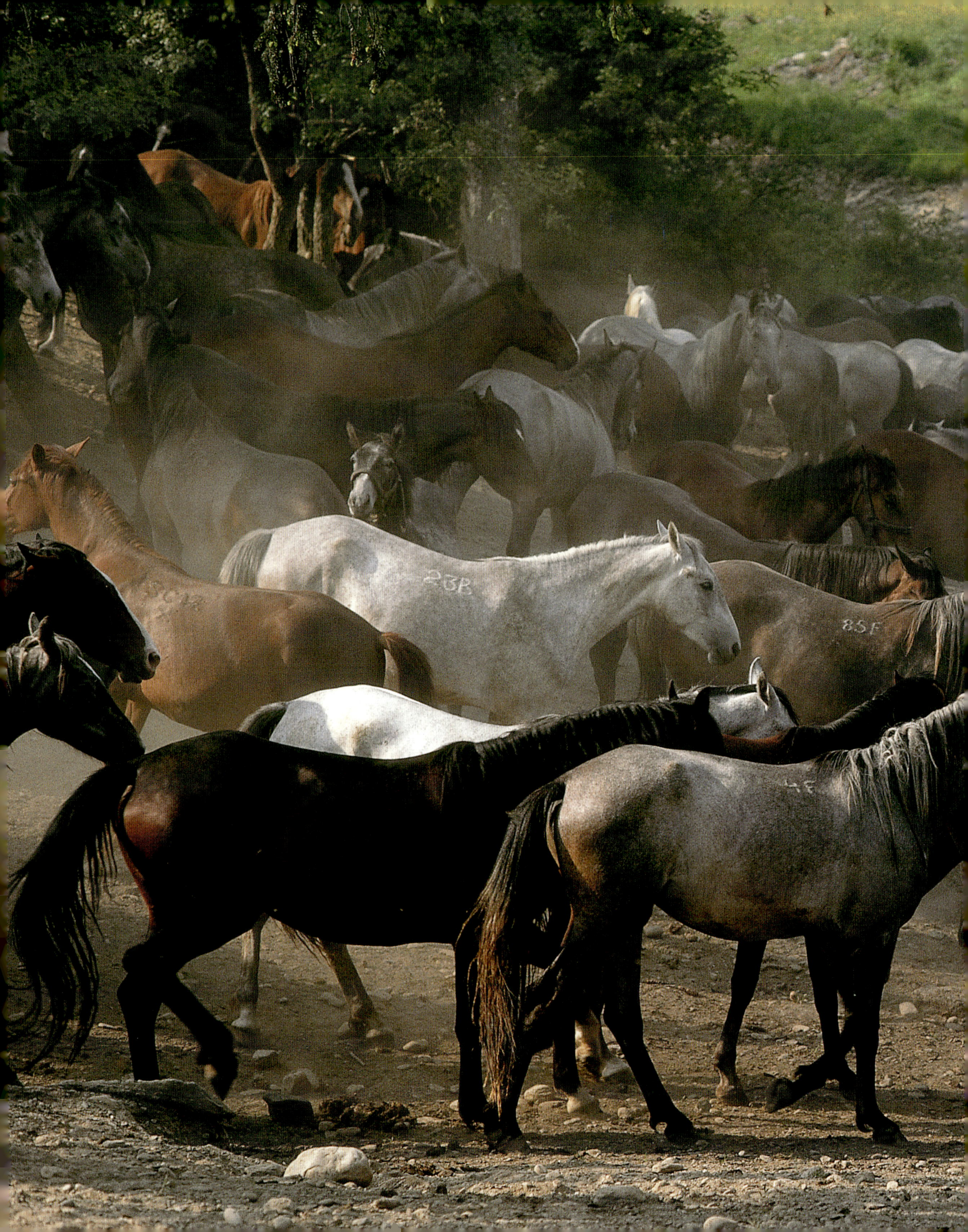

Familles d'exception

祖先　Les ancêtres｜プルジェワリスキーウマ（*Le cheval de przewalski*）

この馬は深遠な太古に由来する

発見者ポーランドの地理学者ニコライ・プルジェワリスキー（Nicolaï Przewalski）の名前が付けられた小柄な馬、これが馬の祖先として注目され、現在保護されている。

現存する最後の野生馬は、プルジェワリスキーウマである。しかし、この馬は、もう少しで絶滅するところであった。1980年代の初頭、この品種は約100頭のみで、全世界の動物園に分散していた。最早、モンゴルのステップを自由に闊歩するものはいない。ごく僅かなひ弱い生き残りは檻の奥で、哀れにも最もどう猛なハンターよりも恐ろしい、深刻な親近交配と戦っている。

18世紀の初頭にさかのぼろう。スコットランドの医師ジョン・ベル（John Bell）は、モンゴルをくまなく歩き回った。彼は体つきがまさしく先史時代の洞窟壁画を想起させる背丈の低い馬を発見して驚いた。その約2世紀後の1887年、ポーランドの地理学者プルジェワリスキー大佐はゴビ砂漠から、モンゴル人が"タヒ"（takhi）と呼んでいるその土地に生息する変わった小型の馬の皮革を持ち帰った。西欧諸国の科学者達には、それがかつて問題にされていたウマ科の新種であることに異論はなかった。これは馬の先祖であるとして、すぐさま発見者の名前が付けられた。ヨーロッパが騒ぎ始めた頃、この動物自身が消え去る。乱獲の犠牲となり砂漠の砂に埋もれたのだ。

まさに、ペガソスに導かれた運命のみが与えうるような思いがけない変化によって、プルジェワリスキーウマは1983年袋小路から抜け出す。動物行動学者クローディア・フェ（Claudia Feh）を通してWWF（Fonds mondial pour la nature：世界自然保護基金）

このき甲まで130cmの小柄な馬は染色体を66持っている。他のすべての馬は64である。月毛⁽⁴⁾の毛色、乳白色の口、逆立ったたてがみ、黒い縞のある肢は先史時代の洞窟に描かれたデッサンと全く同じである。

長期にわたるヨーロッパにおける品種の研究と成長の末、プルジェワリスキーウマはゴビの国立公園に引き取られることになる。

遭遇した冬は摂氏マイナス20度。実験する者らはこれら新参者に飼料を与えざるを得なかった。抵抗力があったおかげで、馬はこの寒さの試練を乗り越え、生き延びることができた。それ以来、人間は、厳しさが続いているにもかかわらず、餌を与えたり、近寄ったりしていない。

プルジェワリスキーウマに魅惑されたモンゴルの遊牧民はC・フェとの間で連絡を取り合っている。間もなく、セヴェンヌの生き残りの馬は、自分たちの祖先が生息していたゴビの広大な国立公園に引き取られることになっている。そうなれば、モンゴル共和国では新たに勢いよくギャロップで走る蹄の音が鳴り響くであろう⁽²,³⁾。

がこれに興味をもったのである。原産国モンゴルにこの品種を再度導入できるだろうか？

　試みに、4頭の種牡馬がフランス南部の本物のステップのあるセヴェンヌ⁽¹⁾の130ヘクタールの放牧地に放牧され自由の身になった。しかし、これらは長生きしなかった。最初の失敗である。

　1991年、WWFはセヴェンヌ地方で312ヘクタールの土地を確保し、自然の群が再生することに望みを託し、1993年と1994年に6頭の牝馬を含め、合計11頭を放牧した。檻に入れられた状態しか知らないこれらの馬は自由な馬の生き方すべてを知らず、土や小石を飲み込んだり、毒性のある植物をむやみに食べたりする。最初に

祖先 Les ancêtres｜フィヨルド (Le fjord)

毛色は月毛の
イロクォイ族 (iroquois)⁽¹⁾の馬

フィヨルドまたはフィヨルヘストは乗馬にちょうどよい身長（130～142cm）で、素朴、かつ丈夫なポニーである。

昔の戦闘集団バイキングの馬で、その力と勇気を具現化している。ノルウェーが原産で、海が極北の国を浸食してできた野生味のある氷河の峡湾の名前を冠している。フィヨルドは、大地の馬、海の馬、戦争の馬、そのいずれにもあてはまる馬である。バイキングの好戦的な遠征で、海賊船に乗せられたこの馬は、戦場では乗用馬として、また兵站業務の輓馬として力を発揮した。さらに、非常に人気のあった馬と馬とが戦う競技、つまり闘馬に使われていた。これはときには相手が死ぬまで戦ったことがあった。

しかしながら、それが務めでないかぎり、攻撃的ではなかった。おとなしいが頑強なフィヨルドは覚えが早く、記憶力も良い。できないことはなく、何事にも恐れず、たじろがない。遠乗りには素晴らしい馬で、繋駕レースやポニーゲームで有名になった。障碍飛越の分野では、出来映えに限りがあろうと、喜んで障碍に向かう。この馬の唯一の欠点は雌ラバのように頑固なことである。この馬はヘラクレスのような力持ちなので、騎手は馬自身に理解させることが望ましい。

祖先から細かい縞のある肢、それから豊かな尾と濃いたてがみに共通する黒い縞を受け継いでいる。この馬は、かつてはノルウェーの長い冬を魚粉を食べて生き延びてきた。全世界に移り住んでいる現在は、最も古く、最も純粋品種の1つとして生き残っている。つまりプルジェワリスキーウマに一番よく似ているのだ。

1982年、フランスの北西部におけるフィヨルドの種牡馬と乗馬用牝馬との交配から新しい品種、ハンソン (henson) が生まれた。典型的な娯楽用の馬ハンソンは、まさしく馬とポニーの中間品種である。父から耐久力を、母からスピードを受け継いでいる。将来伝説の馬になるに違いない。

冷静さ、肢の力と確実性、これが自然のこの力を理想的な娯楽用ポニーにするための切り札である。

祖　先
Les ancêtres | ナンシャン（*Le nangchen*）

世界の屋根の純血種

西欧人は、1000年も前から、この馬の消息を聞かなくなったので、伝説が信じられるようになった。とはいえ、ナンシャンの存在を立証する文書はあった。そのなかで古代の中国人やパキスタン人はその特性を褒めちぎっていた。

フランスの民族学者ミッシェル・ペッセル（Michel Peissel）がこの馬を捜し出すのに、1992年と1993年の2度のチベット踏査を含め3年の調査が必要であった。標高5000m以上で600kmにわたる高原[1]、中国の都市西寧（シーニン）[2]の南、1000km以上連なる5つの山脈、このような地理的孤立によって1000年の間にその足跡が見失われた。にもかかわらず、M・ペッセルとその探検隊は、き甲まで133cmで並はずれた容量の肺を持ち、摂氏マイナス40度からプラス40度の80度の気温差に耐え、標高5000mの高地をギャロップで疾走できる小柄な山岳馬をやっと発見した。この馬は実に側対歩[3]で1日に90kmを走り抜くことができる。酸素が希薄な高山でもこの独特の速歩は非常に快捷である。この優れた耐久力に加えて、繊細な顔立ちと優美な身体の線が魅力的である。遠い昔から淘汰されてきたこの夢の駿馬は人間の援助、つまり子馬をウールの馬衣でくるみ、一方厳寒の冬の間、植物の飼料では充分にカロリーが摂れないとき、チーズやヤクの乾燥肉を与えるなどしないと生き延びることはできなかっただろう。ナンシャンが捜し出された現在、新しい問題が提起されている。その出身や遺伝形質について調べることである。

非常に発達した胸のおかげで、空気中の酸素が極めて希薄な海抜5000mの高地でも、ナンシャンは駈歩で走ることができる。

野生馬 | エミオン：アジアノロバ（L'hémione）
Les sauvages

Equus
Hemionius

馬はエミオンの従兄弟である

エミオンはアジアの砂漠に生息している。そこでは自分の体重の30％に等しい量の水の消費に耐えながら、乾燥した気候に見事に順応している。

エミオンのギリシャ名[1]は、"demi-âne：半ロバ"を意味する。確かにこの美しいアジアっ子は2頭の従兄弟、つまり馬とロバ双方の性格を少しずつ持ち合わせている。

さらに、ラクダのように、自分の体重の30％にも達する量の水の消費に耐えられる。これは相当な量である。ではあるが、自分の体重が25％増加するだけの量の水を5分間で飲むことができる。まさにエミオンは地の果ての動物である。この砂漠の駿馬は、以前は、西アジアの大部分の砂漠地帯に生息していた。今日では、至るところで絶滅の脅威にさらされているが、並々ならぬ耐久力のおかげで、僅かな地域で生き延びている。過去100年の間には、シリアに生息していた兄弟種エミップ（hémippe）（demi-cheval：半ウマ）が死滅した。

エミオンは自分が生き延びた地域や気候・風土のもとで色々な名前で知られている。つまり中東に生息する聖書時代の野生ロバ、オナガー（onagre）[2]がそうである。メソポタミアで最初の戦車を引いたのはこのロバだが、早い時期に従順で協調性のある馬に取って代わられた。

モンゴルでは、エミオンはクーラン（koulan）[3]の名で知られている。伝説によると、ステップの王中の王チンギス・ハンの馬に衝撃を与え、最終的にハンを死まで追いつめたのは、これら気の荒い動物集団であるという。つまり、ハンは好んでクーランを使うが、かわいがるどころか、不幸せにするので、彼らは同じ名の仲間の無念を晴らしたということであろう。クーランの鳴き声は、ロバの鳴き声と言うよりも馬のいななきに近く、最も早い純血種馬より早く走り、最高時速64 kmに達する桁外れの駿馬である。焼け付きそうな空気の中で生息しているこの馬は、そのおかげで鼻孔を開き、一呼吸で大量の空気を吸い込むことができる。

チベットでは、エミオンはキャン（kiang）[4]と呼ばれ、ヒマラヤの高地の渓谷における厳しい生活条件に適応している。インドのカッチ湿地帯[5]では、クール（khur）の名で生き延びている。

エミオンが聖書時代の遺品である生きた真の伝説となったのは、人間に見放された良くない性質、つまり、人間から常に遠ざかろうとするその肢に原因がある。

インドのクールすなわちオナガーは、エミオンの亜種で絶滅寸前である。

野生馬 Les sauvages | ターパン（Le tarpan）

夏の毛色はネズミ色がかった芦毛、冬は明るい芦毛、これは生存上の厳しい条件に耐えようとする保護手段である。

まさしく先史時代の奇跡的な生き残り

アカシカ[1]のような粗い毛をもち、毛色はネズミ色がかった芦毛で身体の末端部分は黒である。冬にはこのコートは分厚くなり、明るいクリーム色になる。たてがみは誇らしげに立っている。その名はターパン、"野生馬"という意味のキルギス語である。200年前に姿を消した。

東ヨーロッパの深い森林に生息していたこの小柄な野生馬は、家畜化された最初の馬の祖先である。野生のものは人間が数世紀にわたって行った執拗な狩りのため、生き残れなかった。しかし、一方、殺されなかったものは、家畜化された自分たちの子孫との交配によって世代の流れの中で退化していった。

ギリシャの偉大な歴史家ヘロドトス（Hérodote）は、ターパンについて、ウクライナのカルパチア山脈の馬だと書き残した最初の人物である。驚くべき力と耐久力をもち、極めて粗野で独立心の強いターパンは、成年期に達すると、家畜化には馴染まなくなる。紀元の黎明期には、広大な森林全体にわたり住み着いていたこの先史時代の馬は、19世紀の初頭に、ポーランドの中心部に程近いところで発見される。1806年、ザモイスキ伯爵（Zamoyski）は、自分の射撃の的にふさわしいこの狩猟獣と出会い、絶滅寸前になるまで、この集団に致命的な打撃を与えた。

100年以上後の1926年、ターパンはとうとうこの世に別れを告げ、人間による絶滅種の天国に駈歩で走り去った。そのとき、人間はターパンを再生することを決意する。祖先伝来の基準種を保持している個体から、この品種が再生された。さらに、（それらには）ターパンという名前が与えられ、ポーランドのビヤロウィーツァ（Bialowieza）の広大な森に放され自由になった。この若い先史時代の馬は、自分たちの祖先の野生的で原始的な性質と頑健さを取り戻している。稀に病気になっても非常に早く治るのだ。紀元前3000年紀の人間が自分たちの親よりも思慮深く、ターパンを保護することを知っていればよかったのだが。人里離れたどこかで、遠い昔から真っ直ぐにやってくるリズミカルな蹄の音が鳴り響く。そのとき人間は未だ言語をもたなかったが、すでに洞窟の壁を自分たちの夢で飾っていたことが幸いというものである。

世界で最も古い馬の種類の1つであるターパンは、家畜化された品種すべての祖先であろう。

Tarpan

野生馬 Les sauvages | ドゥルメン（Le dülmen）

ドイツ貴族に救われる

150年前、絶滅の危機に瀕したこの原始時代のウェストファーレンは思慮深い貴族によって保護された。

Meerfeld

毛色は、ターパンの芦毛ないしプルジェワリスキーの鹿毛で、き甲までの背丈は135 cmである。縞模様の肢や背中の黒い縞はこの品種が馬の祖先であることを証明している。ドイツの一貴族によって絶滅の危機から救われたこの小柄な野生馬は、おそらく注目すべき馬場馬術馬、優れたハノーバー種の始祖であろう。

この古いタイプの小柄な馬が生息しているのは、ドイツのウエストファリア[1]の草原、荒れ地、森からなる地域ミアーフェルダー・ブルッフ（Meerfelder Bruch）である。この動物とその生息場所は切り離せないだろう。まず、地域の名前である"牝馬の里"を意味する古いドイツ語Meerfeld、そして、次にこの地の領主にその地域に生息している野生馬に対する支配権を1316年以降付与するという文書がそのことを立証している。世紀が進むに従い、"牝馬の里"の地域は徐々に縮小され、最後にはなくなり、危うくこの品種も絶滅しそうになった、まさにそのとき、その権利は義務に改正された。しかし、1845年、集落の開発と土地の区画整理は、この可哀想なウマには良い結果をもたらさなかった。当時その数は僅か35頭であった。

地元の貴族クロイ公爵（Croy）は、生存している馬を捕獲し、350ヘクタールの自分の所有地に放し飼いにする。これらの野生馬が従う唯一の掟は自然淘汰の過酷な法則であった。厳しい冬には、毎年最も弱い馬が消え去り、したがって健全な群だけが生き残ることになった。

幸い、ドゥルメンは我々の時代まで生き残るための得難い性質をもっていた。簡単に家畜になるのである。良き小型の乗用馬や馬車馬となり、その飼い主に、先史時代の人間と馬が互いに慣れ親しんだ人類の黎明期における大冒険を髣髴（ほうふつ）とさせる幻想を抱かせたのである。

この品種を保全するため、クロイ公爵家は1907年から毎年5月に1歳の若い種牡馬の競売を始めた。

野生馬 Les sauvages | ポトック：ピレネー地方原産の馬（*Le pottok*）

バスク地方⁽¹⁾の洞窟壁画には、ポトックの祖先が先史時代にさかのぼることを示すものがあるらしい。

改悛した密輸者

純血主義者の中に、白地に黒のブチのある毛色は他の品種との交雑種の印で、純血度の最も高いポトックは濃い鹿毛であるはずと主張するものがいる。

き

甲までの背丈が120 cmのこの小柄で丈夫な歩き手は山に精通した偉大な専門家である。山に棲み、そこに遠い祖先をもつ。ポトックはバスクの住民である。フランスが半分、スペインが半分のこの馬には国境はない。その名は"ポチオク（potiok）"と発音し、"小馬"を意味するその名前は、山岳地の地面の上を走るリズミカルな駈歩の音のような響きをもつ。

非常に素朴で、真冬でも馬小屋内の快適さを知らず、極めて頑固だが素晴らしい性能をもつ下刈機のようなこの馬には抗し難い魅力がある。野外騎乗の楽しみを子供たちに手ほどきするための理想的な乗馬ポニーである。蹴ることがなく、噛みつかない。雌ラバの蹄と同じで固く、蹄鉄は必要ない。しかしながら……。

各時代を通して、数知れないほどお国の人々の役に立っているにもかかわらず、ポトックは密かに広まる害悪の犠牲、つまり遺伝子公害で絶滅のおそれがある。この馬は色々な理由でほとんどすべての品種の馬と交雑していた。例えば、役馬用に背丈を高くしたり、食肉用に太らせたりするためである。事実、長い間その肉はイタリア産サラミの製造には欠かすことができない原料だったので、人間は昔からのこの仲間にとって唯一の消費者であった。ポトックは石炭の坑道でトロッコを牽引したり、またこの山岳地帯では常に広く行われていた商活動、すなわち密輸の重宝な手先として使われたりしたあとは、もはや"蹄の上に乗った肉"としか見なされなくなった。

確かに、商品のみならず、フランコ将軍の独裁から逃げ出すためスペインからフランスに、あるいはナチズム⁽²⁾の殺人的無分別から逃れるためフランスからスペインに脱出する人たちをこっそりと運んだ馬の悲しい終焉である。いつもポトックは目立つことなく人間の良識の欠如と戦った人々の支援者であった。

今日、再評価されたポトックは、科学の野心的な運動の対象となっている。祖先伝来の特徴が最も顕著な馬の血はデーターバンクを開設するために綿密に分析されている。選別された牝馬、若い牝馬⁽³⁾、種牡馬が山岳地方における自由な生活条件の中で年に6ヵ月以上放牧され、自由や活用のおかげで伝説化した小柄で勇敢なバスクの馬に徐々によみがえってきている。

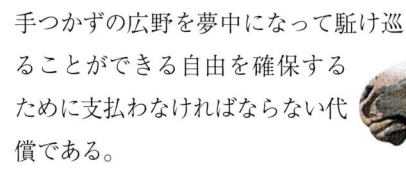

野生馬 Les sauvages ｜ ムスタング（Le mustang）

アメリカ西部の伝説

16世紀にコンキスタドールが放棄したイベリア産の馬に由来するムスタングは、アメリカ合衆国を征服した。

Mestengo

自由で、野生的、人に慣れない4万頭のムスタングが、モンタナ州とワイオミング州の間の西部に生息し、そこでは伝説化している。これらの祖先は旧世界からやって来た。クリストファー・コロンブス（Christophe Colomb）のあとを受けて、アメリカ征服にやってきたスペイン船の船腹から逃げ出したのである。祖先がバルブ種かアンダルシア種のムスタングは、インディアンには幸運であった。その名前には一種の特別な響きがある。ムスタングは"主(あるじ)なし"を意味するスペイン語のmestengoからきている。その馬は遠い昔の祖先の野性的行動すべてを取り戻した。つまり種牡馬は、歯と蹄を使って牝馬を獲得しなければならなくなった。特に腹、わきの下や鼠蹊(そけい)(1)を嚙み合う。そこは静脈や動脈が最も盛り上がった箇所である。もしその一部が切断されると、嚙み傷は命取りとなろう。

ムスタングは牡1頭が複数の牝と子供とでハレムを形成して生息する。さらに、ハレムが集まって群れになる。それは100頭を超えることがあり、草や水を求めて広大な地域を走り回る。寒暖計が摂氏マイナス40度を記録する冬になると、これに耐えるため熊のように毛深くなり、雪を食べて喉の渇きをいやす。このような過酷な生活の中では、馬は老いを感じる余裕がない。雪は蹄ではかき分けられないほど固くなり、飼料となる草を掘り出すことができずに死んでいく馬が二桁の数に達する。これはいつも広大な手つかずの広野を夢中になって駆け巡ることができる自由を確保するために支払わなければならない代償である。

アメリカンカウボーイの初期の馬は、捕獲した野生のムスタングで、"ブロンコ・バスターズ（bronco busters）"、つまりプロの調教師が容赦なく仕込んだのである。

64

野生馬 Les sauvages | ブランビ：荒れ馬 (Le brumby)

オーストラリアの嫌われ者

"brumby"は、罵り言葉である。これはオーストラリアンスラングで"品種の凋落"を意味する。

ブランビは、悪者を演じている。自分の馬にするために投げ縄で捕獲したい者にとってはこの馬は魅力がある。

しかし、馬にしてみれば自分で生きていくのだから粗暴になるのだ。約150年前、入植者の物資補給など支援体制の必要性からオーストラリアに輸入された馬は、機械化の進展に伴って見捨てられた。有産者層のサラブレッドやアラブ馬と庶民のペルシュロンやチモール島のポニーの交雑の結果生まれたブランビは、広大な大地での自由と野生の生活に完全に順応した。しかし、この孤立した大陸には、土着の動物全種類の中に有蹄類はおらず、その並はずれた駈歩が繰り返す衝撃にもちこたえることができない。馬は回復できないほど地表を荒らすのだ。

北部地域では、別の問題がある。6ヵ月間、一滴も雨が降らないのである。餌になる草や水源が枯れると、おびただしい数の馬が死ぬ。しかし、死ぬ前に、ここかしこで、馬が口から泡を吹き倒れる。幾世代も平穏に生息している土着の草食動物はこれには耐えられない。カンガルーやオーストラリアのサバンナに昔から住み着いている他の草食動物が先に死んでしまう。

実はブランビの悲劇は、天敵がいないため、個体数が増えすぎて過密になるというありきたりの問題に要約される。確かに、オーストラリアの海水域に生息する大型のクロコダイルは、夜眠らずに獲物を狙う。それらは海中では魚を食すし、馬を怖がることはない。しかし、その底抜けの食欲にもかかわらず、馬の出産を抑制するまでには至っていない。去勢を推奨する者も確かにいる。だが、それには種牡馬を捕まえることが前提となる。馬の実態調査が行き届かず、その調査の成功が見込めない地域でこれらの馬は生息している。それならヘリコプターと銃が残っているではないか。腕利きのハンターなら馬に苦痛を与えずに即死させることができる。これが過日の誤りを償うための代価である。オーストラリアは世界的にユニークな自国の動物相を大切にしすぎているのではないか。この国は野生馬の歴史を敢えて豊かにしようとしないのである。

野生の状態に戻ったブランビは、時には耐え難い条件のもとで生きている。そして他のほ乳類に対して並々ならぬ競争を挑んでいる。

65

基準種 Les typés | アハル・テケ (*L'akhal-téké*)

アジアのステップ原産の美しい東洋の馬

この馬のメタリックのような艶のある毛色は、スポーツマンの体形を引き立てている[1]。

この砂漠の子は夢をかき立てる。この馬はすべて謎であり、伝説をたどることになる。その原産地は、イランの峡谷に接するカラクム砂漠にあるトルクメンのオアシスで、3000年以上前にさかのぼる。そのグレーハウンドのような外観、耐久力、駿足は格別である。金属のような光沢をもつ毛色の雰囲気は神々しい。真珠色や銀色の馬はこの世のものとは思えない。砂漠の砂に映える太陽のような金色は、この馬の生誕地を具現している。アハル・テケは光、砂、風でできているのだ。

南はコペト-ダグ山脈、北はカラクム砂漠の間にはさまれた狭い帯状のアハル・テケオ・アシスは、有名なシルクロード上に位置している。トルクメンの首都アシハバードは、長い間、カスピ海とサマルカンドの間の避けて通ることのできない宿泊地であった。その国の象徴的な顔であるアハル・テケは、ソビエトの力によって手厚く保護されているツァー[2] 帝国の数少ない宝の1つである。アハル・テケの飼育は、原産地のみならず、その国の他の地域でも常に奨励されていた。

1935年、2つの話題で、これらの馬のことが語られる。アシハバードとモスクワ間全長4300 kmのマラソン競技に参加したこれらの馬は、カラクム砂漠を実際に水も飲まずに3日間で約375 kmを走り抜いた。しかも残りほぼ4000 kmを走り通すためには、さらに81日あればよかった。何という壮挙！

アハル・テケは自分の乗り手を理解し、全面的にその騎手を迎え入れるときには、最も優れたことのできる並々ならぬ馬となる。その場合、この馬のおおらかな心が命取りになることがある。なぜなら、自分の能力を計りきれず、激務のため死ぬことがありうるのだ。

しかし、騎手が馬に信頼感を与えることに成功しなければ、非常に頑固に抵抗する。この風の子は支配されないだろう。自分を評価してくれるものには献身するのである[3]。

駿足で疲れを知らないアハル・テケは、何らの影響も受けることなく、多くの品種生産に貢献した。この馬は純血種中の純血種である。その名はトルキスタンの最も南の部族テケの名を思い起こさせる。

基準種 *Les typés* | バシキール（*Le bachkir*）

厳寒期の生き残り

波打つ長い毛をもつこの馬には夢中にさせられる。氷河期の大移動の際、この馬はベーリング海峡を横断したのではないかと主張するものがいる。

バシキールには馬という以上に1つの謎がある。この馬は、先史時代にウラル山脈の南西、バシキールに現れた。性質は全く異例である。毛は羊のようにカールしていて、たてがみはパーマネントの印象を与える。極めて特異な身体的外見以外に、驚くほどの耐久力と抵抗力をもっている。その群は、ヨーロッパの境界からアジアの渓谷に至るまでの間で、身体を麻痺させる摂氏マイナス30度からマイナス40度の過酷な冬の凍てつくような風の中で数ヵ月間、生き延びている。

この馬は、荷鞍や乗馬鞍の下で働き、荷車を引く。1日中130kmの雪道を橇を引っ張って進むことができる。この品種の牝馬は非常に優秀な乳の生産者でもある。乳汁分泌期の7～8ヵ月は2700リットルを生産する。バシキール族(1)の馬の生産者は、自分らの従兄弟モンゴル人のように、その乳を薬効によってアルコールに変えて、馬乳酒（koumys）(2)を造る。バシキールの社会は生活基盤の大部分を自分たちの名を与えた馬の並はずれた特質に置いている。

事実、アメリカ人も同じくバシキールを土着の品種として我がものと主張しているが、これは謎に包まれている。野生化したムスタングの群の中でおとなしく草を食べているバシキールが、19世紀に初めて発見されたという。この馬は大西洋の反対側で、巻き毛の毛並みのため、縮れ毛のバシキールと呼ばれ、ロシアの同名の馬よりももっと温暖な気候条件の中で生息しているので、ロシアの同名の馬よりも大きく太っている。

氷期にベーリング海峡が氷で閉ざされていたとき、バシキールはアメリカ・インディアンの祖先と一緒に、渡ってきたと主張する学説がある。しかし、その事が人類にとって事実でも、8000年～1万年前に未だ解明されていない理由でアメリカ大陸から姿を消した馬についても、同様だとは断じ切れない。さて、謎かそれともまやかしか？

バシキールの牝馬は極めて優秀な乳の生産者である。

基準種
Les typés | シァイア（*Le shire*）

重量貨物の王国の巨人

重種の中でもこの馬は最も古く最も大きい馬である。北ヨーロッパの森に生息していた先史時代の馬の子孫である。中世の大型馬の直系後継者で、その尊い天命は、戦場や十字軍の長くかつ不案内な道をたどり、武勇に優れた騎士を運ぶことであった。背丈がき甲まで200 cm、体重が1トン、世界で1番大きい馬で、その名はこの馬を生産していたシァイア[1]と呼ばれるイギリスの幾多の地域に由来する。

遠い昔から生き延びてきたこの馬は、機械化された運輸手段の犠牲となり、危うく姿を消すところであった。1950年と1965年の間に、絶滅の危機に瀕したこの品種は、今日、イギリスの誇りの1つとなった。王家まで積極的にその保護に乗り出している。皇族が豪華な4輪馬車で公式に外出するときには、大手ビール会社からシァイア2頭を借りることがある。というのは、カナダ人が情愛を込めて"おとなしくて力持ちの巨人"と呼んでいるこの馬は、戦争に使われなくなってから、重いビール樽の運搬に伝統的に使われてきたからである。

しかし、この黒い巨人は、副次的なビール会社の仕事以外の職業でも各時代を通して評判が良かった。蒸気機関車が一般化する以前は、車両を引いていた。ある1頭のシァイアの快挙が有名で、1803年、50人を乗せた55トンの客車を10 km離れたところに運んだのである！100年以上経過した後、別の2頭の事例によって、再びこの品種にスポットライトがあてられた。1924年、ウエンブリ[2]の見本市で、この2頭のそれぞれが、力の強度を計る機械動力計のテストで、その針を振り切ってしまった。つまり、これら2つの動力計は、50トンの積荷を動かす力に匹敵する牽引力に耐えるように設計されていなかったからだ。この愛すべき従順な巨人を他の重種馬と比較することは難しい。さらに、軽快で大きいシァイアには乗馬に適した知能と御しやすさがあり、それらが2頭の輓馬（ばんば）の力に結びついているのである。

よく知られてはいるが根拠のない諺に"四肢の下部が白い馬"は"打ち負かす馬なり"と説くのがあるが、シァイアはたいていの場合、白い四肢を特徴としている。

まず、パレード用で、人懐っこくて従順なシァイアは輓馬（ばんば）2頭と同じくらい力が強く、乗用馬の機敏さをもっていると言われている。

基準種
Les typés | ファラベラ（*Le falabella*）

厳しい精選の末、小型化されたミニチュア馬にも普通の馬と同じ世話が必要である。

ミニチュア馬の中でも最もよく知られている

Falabella

ファラベラは、この世で最も小さい馬である。背丈はき甲まで60〜80cmで非常に低いが、身体のプロポーションによって馬として分類されており、ポニーではない。ブエノスアイレス近郊のレクレオ・デ・ロカの牧場で選別飼育が行われ、この品種を造ったファラベラ家の名前が付けられた。

ファラベラは小型の純血種の種牡馬と非常に小さいシェトランドの牝馬を数世代にわたって交配させた子孫である。最初の最も小さい馬はこれらの間でかけ合わされたもので、近親交配を継続した結果、探し求められた特色、つまり矮性が定着した。

シュガー・ダンプリング（Sugar Dumpling）は、背丈が51cm、13.5kgで、これまで生産された中で、最も小さい牝馬である。しかしこの馬はプチット・シトルイユ（Petite Citrouille）という種牡馬に負けた。後者は35.5cm、9.1kgで世界最小の馬のタイトルを獲得した。中程度の大きさの犬と同じである。生産者が自分の目的を達成するとき、つまり、できるだけ小さくて均整のとれた馬を生産できたときが、すべて良しということである。とはいえ、人間は自分を神だと考えると必ず罰せられる。頑固に自然に逆らう過度の近親関係は多くの遺伝的異常を引き起こす。大きな頭や虚弱な後躯をもつファラベラはいずれにせよ成功とはいえない。

しかしながら、性格が快適なら実にかわいい小さな遊び仲間となる。が、残念ながら子供達は乗馬を望み得ない。き甲は平らで、肩は真っ直ぐで全く鞍に馴染まないからだ。

ファラベラだけがミニチュア馬ではない。ミニチュア馬には、はっきりと異なる3つのタイプがある。ファラベラはその1つで、他にイギリストイ‐ホース（toy-horse anglais）とアメリカンミニチュア（miniature americain）の2種類がある。後の2種は子供を乗せたり、馬車を引いたりすることができるようである。敏捷で非常にダイナミック、あるものは自分の丈の20％もの高さが飛べる。誠に快挙である！

冒険に取りかかる前、つまりこのような動物を手に入れる前に、これらの馬は5歳になってはじめて大人の背丈になることを知っておく必要がある。3歳の馬を買えば、さらに10cm大きくなる。この体格の馬にとっては、見すごすことのできない問題である。

16世紀のイギリスの宮廷には、ミニチュア馬の足跡が見られる。そこでは小さい王子達の楽しみに供された。

基準種
Les typés | ミズリー・フォックス・トロッター
（*Le Missouri Fox Trotter*）

遠乗り用ダンサーと呼ばれている

この美しい馬は、開拓者の快適な生活のために生産された。

こ のような名前だが、このアメリカの馬はダンサーではない。とはいえ、蹄による素晴らしい切り札、つまり足運びをもっている。というのは、ユニークな歩調、フォックストロットを踏むのである。滑るような、かつリズミカルな動きである。その間、前肢はすばやい常歩で歩き、一方後肢は速歩で前肢の蹄跡を確実に踏む。背筋はがたつくことがなくぴんと張る。これは騎手にとって誠に快適である。この非常に良い特質と、き甲まで163 cmを超えない極めてほどよい背丈がフォックストロッターを理想的な遠乗り用の乗用馬にしている。特に初心者や慣れない騎乗者が高く評価している。

これらすべての特性やアメリカ合衆国の最も古い品種の1つにもかかわらず、あまり知られていない馬の1つである。アメリカの開拓者は、できるだけ快適に移動したいので、特殊な歩様の3品種を開発した。速度の如何を問わず、4テンポの側対歩で走るロッキー・マウンテン（Rocky Mountain）と特殊歩行パ・クリュ（pas couru）[1]で移動するテネシー・ウォーカー（Tennessee Walker）の2品種を含めた3品種を生産した。これらの歩法には遺伝性があり、他の品種の馬に教えることは不可能である。

ミズリー・フォックス・トロッターは、純血のアラブ種とモルガン種の交配から生まれた。この品種が名声を得るのを可能にしたのは、世代を重ねながら、探し求めている運動資質を示す馬を選別し、交配させたからである。類似の血を加えることによって他の品種を生産した。ミシシッピ州の西に位置するオザーク高原で育ったミズリー・フォックス・トロッターには、やはりすべての山岳馬と同じように、極めて確かな肢がそなわっており、快適で信頼でき、野外の散策には打ってつけの馬である。

ミズリー・フォックス・トロッターは、テネシー・ウォーカー同様、典型的なアメリカの乗馬である。

70

基準種 Les typés | アイスランド・ポニー（*L'islandais*）

この3000年前の小柄な馬は、独特の歩様：トロット（tolt）[1] で進む。駈歩と同程度の速さの変わった歩様である。

寒冷地生まれのポニー

この特異なポニーの純血種保存のため、930年以降、他の如何なる品種との交配も許されなくなった。

ノルマンディー地方の人々は、1000年以上前、北極圏周辺の火山と氷の島に定住した。彼らはその島を"氷の国"アイスランドと名付けた。ノルウェー、スコットランド、アイルランドやマン島からやってきた移民が、自分たちの忠実な馬を船に積んで運んできた。これらが一国民の誇りであるこのユニークな品種を生み出すための根幹馬である。

き甲まで最高137 cmの小柄で、頭が重く、ずんぐりした身体で優美なところのないアイスランド・ポニーは一般的な美的モデルにはほど遠い。しかしながら、この小さい馬はさりげなく長所を豊富にもっており、そのためにこの馬を見つけ出すのに人々は労をいとわなかった。ことのほか機敏で、力が強く、人間の大人1人を非常に早く、長時間にわたって、疲れることなく運ぶことができる。しかもこの上なく快適に！5種類の違った歩様で歩くことができ、側対歩で歩くときは特に騎手にとっては楽である。アイスランド・ポニーは常歩に似ているが駈歩と同じぐらいの速さを出せる独特の歩様：トロット（tolt）ができる世界で唯一の馬である。この歩様はでこぼこ道でもすばやく加速できる。側対歩とこの独特の歩様は古代の2種の歩様であり、この馬の歩様でもある。騎乗するには極めて快適である。アイスランド・ポニーは非常に粗食で、極地にあるこの国の甚だしく長い冬の自然のまっただ中で、生きていくことができる。この厳しい地方の人々は飼料の不足を補うために、この馬にニシンを投げ与えるが、ただ、それだけである！

この馬の最高のユニークさは、この生物群の完全な遺伝的純粋性である。入植者がこの島に定着して間もなく、彼らはオリエントの馬の血を導入して自分たちの馬の改良を試みた。しかし、世界で最も古いアイスランド議会が930年に外国産馬の輸入を禁止する法律を可決したのは誠に残念である。

基準種
Les typés | チンコティーグ（*Le chincoteague*）

小説が救った島に棲む馬

非常に厳しい生存条件がアメリカの全品種の馬と同じイベリア出身のこの馬を育て上げた。

小説『チンコティーグの霧のなか（Misty of Chicoteague）』のおかげで、この野生ポニーのユニークなアメリカ的モデルは保護されている。1974年に書かれたこの小説は、マーグリート・ヘンリー（Marguerite Henry）という女流作家の著作。彼女は生まれて1週間目の牡馬を買い、この品種に惚れ込んだのである。

チンコティーグとは、自分達がひっそりと暮らしていた島の名前である。他の生息地にアッサティーグ島がある。これらはバージニア海岸から数100ｍ離れたところにある湿原の島で、貧弱な牧草地しかなく、その上、草には塩分が含まれている。この土地に生息するものはこれらの異常で厳しい条件に順応せざるをえない。まず、形態学的には、食糧難と過酷な気候風土によりうまく耐えるため、背丈は低くなる。次に動物行動学的には、海浜に生息するこの小型の野生馬の行動は、制約を受けない他のウマ科の行動とは非常に異なっている。つまり草の生えた広大な牧草地の大きなハレムとは異なり、チンコティーグの家族は牡と牝、必要なら1歳の子供の最小限に絞り込まれている。

生息の厳しさや孤立状態に基づく近親交配であまりにも弱体化したこの島の約200頭は、この20年間に外部の血を受け入れることになる。シェトランド、ウェルシュ各ポニーや米西部の斑馬が元気のないこの品種に活気を取り戻させるためにやってきた。このポニーの身長は122ｃｍを超えないが、体形が改良された。四肢の先天的奇形はなくなり、胸幅が広くなり、「足が同じ根本から出ている」との印象が消えた。

毎年7月末には、この島の家畜総頭数担当の消防士が、アッサティーグ島のポニーをチンコティーグ島に泳がせて移動させる。そこで1歳の子馬は競売されるのだ。これによって、ポニーの群の規模が調整可能となり、管理費用が捻出できる。以上がこの物語が続けられる資金繰りのからくりである。

海岸近くの湿地帯で生息しているチンコティーグは正真正銘のプレサレのポニーとなった。

Chincoteague

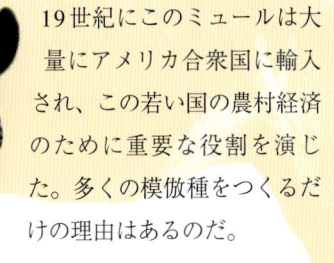

基準種 *Les typés* | ミュール（*La mule*）

この愛されない雌ラバは、人間が行ったすべての征服に際し、効率的に仕えた真のダイヤ原石である。

伝説となった雑種

現在、ミュールは冷やかしや嘲笑の代名詞となり、その被害者となっているが、名声を博した時期を経験しているのである。古代において最も強かった騎馬民族の1つヒッタイト族は、ミュールに馬としての重要性を3度認めた。このことはその分野の通（つう）がミュールの優れた長所を見抜いていたことを物語っている。

イスラエルの王とヘブライ文化の影響を大いに受けていた中世教会の高位聖職者双方を乗せたミュールは、ローマに通じていない小道も含めて全世界の道路を安全にかつ側対歩で走破する肢をそなえていた。

多彩な能力をもち、賢くて、丈夫、耐久力や勇気があり、冷静そのもの、これ以外に、この立派な頑固者を褒め称えるための資質は見あたらない。牛よりも早く歩き、力は同程度に強く、維持管理費は馬よりも著しく安価なミュールは、各地を征服するには実に貴重な補助者であった。

ミュールは、ロバと牝馬から生まれるが、バルド(1)は種牡馬と雌ロバの子供である。雌ロバは種牡馬に稀にしか交尾を許さないから、バルドを産ませるのはより困難である。種牡馬は、ミュールほど耐久力はなく、強くない。

ウシのように強く、ラクダのように小食のミュールは、伝説的になった頑固さで自分の最善を尽くす。

ミュールはもっぱら雌で、ときおり子孫を産むのだが、ミュールとバルドとは雑種としても繁殖できない。

ミュールについて、簡単に言えば、"主流派"ではなく"異端者"である。つまり馬の品種とロバの品種の間で成功した交配の回数と同じほどの数だけ、ミュールがいる程度である。405ヘクタールもあるアメリカのケンタッキー・ホース・パークの小道を通ってビジターを案内するベルギー産の牝馬から生まれるミュールのように、大きくて太った馬車用のミュールやアメリカの開拓民の優雅で肢の速いミュールなどは、すべて一様にヤギのようなしっかりした肢をもっている。

ミュールの中でも最も有名なのは、おそらく全ヨーロッパ、ギリシャからロシアにかけて、またトルコからアジアの果てまでの地域で評価されているポアトゥー(2)のミュールである。遠い昔からポアトゥーのラバを産む牝馬と同じ名前の見事な種ロバから生まれる娘は、並はずれた力をもち、長寿で粗食であることを証明している。

19世紀にこのミュールは大量にアメリカ合衆国に輸入され、この若い国の農村経済のために重要な役割を演じた。多くの模倣種をつくるだけの理由はあるのだ。

基準種 Les typés｜アパルーサ（*L'appaloosa*）

スペイン大公のアメリカ・インディアンの息子

現在、60万頭のアパルーサが品種血統台帳に登録されている。

無限の変化に富んだ斑毛（ぶちげ）は各頭固有のサインである。

アパルーサの素晴らしい斑点のある毛色は、1519年コルテスと共にメキシコに到着したスペインの先達に由来する。このコンキスタドール[1]は、旅の貨物の中に11頭の種牡馬を含む計16頭の馬を連れていた。これらはすべて多様な毛色のスペインの有名な小型馬の血を引き、その中の3頭がこの祖先の特徴、つまり1頭には斑点があり、2頭には白地に黒のぶちがあった。このような毛色の種牡馬がアメリカの"色彩豊かな馬"の伝説的駿馬すべての祖先である。

耐久力、体力および速力を追い求めて、最良の"色彩豊かな馬"を選択したのは北米インディアン・ネーペルセ[2]である。アメリカのどの動物よりもずっと大きいこれら未知の動物が彼らに抱かせた不安感を乗り越えて、インディアンはこの馬がもたらすであろうすべてをすばやく理解したのだ。戦争やバイソン狩り、さらに移動をするのに、平原に生きる民族にとって馬は必要不可欠になり、18世紀の後半には、彼らは約16万頭を保有した。彼らインディアンが馬の生産者としてのみならず騎手として有能であることは明らかである。

彼らは優秀な馬のおかげで、アメリカ合衆国の騎兵隊と敢然と戦い、白人の侵略者に対して長期にわたって抵抗した。

入植者がネーペルセの土地を奪い取るとき、財産も没収し、その集団を虐殺した。インディアンは、カナダに通じる2000 kmにも達する長い逃避行によって皆殺しを免れたのである。生き残ったアパルーサは山岳地帯に四散し、他の馬とも交雑した。この品種は自分たちと切り離せないネーペルセと同様、危うく絶滅を免れた。

クロード・トンプソン（Claude Thompson）の説によれば、アパルーサの名前はこの馬の最大の群が見つかったパルース（Palouse）川ほとりに由来するとのことである。1938年、彼はアパルーサ・ホース・クラブを設立する。当初の登録数は200頭。現在60万頭がアイダホ州のモスクワにあるアメリカン・スタッド・ブックに登録されている。アパルーサは身長が142〜163 cmで、黒い瞳は白い環で縁取られている。蹄には角の形をした白と黒の縞があり、目、鼻、口の周りには黒ずんだ脱毛部分がなければならない。

74

労役馬
Les travailleurs | アルデン馬[1] (*L'ardennais*)

アルデン馬はその名の示すとおり、本来フランス東部で選抜繁殖された。

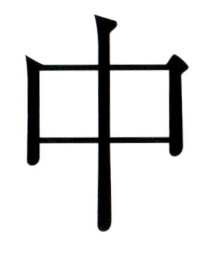

シャンパーニュ地方のトラクター

遠い昔の祖先同様、アルデン馬は頻繁に食肉業に回され、この品種の数が減少した。

中程度の山[1]に棲むこの重種馬は、最も厳しい気候に耐えている。世界に誇る最高級のワインを製造するシャンパーニュ地方がその数世紀来の生息地だったが、現在フランス、ベルギー、ルクセンブルグの3ヵ国にまたがっている。

太ってずんぐりした馬の中でも肉付きのよいアルデン馬は、背丈が160cm、最も体重が重い品種の中の1つで1トンに届くほどである。しかしながらとがった小さい耳をもつ、この大きな馬は肥満で苦しんでいるわけではない。原始的な特徴（角張った鼻、昔からの頭蓋骨）を持ち続けている非常に古い品種に属し、数多くの馬の品種改良や生育に貢献した。ギリシャの歴史家ヘロドトス（Hérodote）は、すでにその強さを褒め称え、ユリウス・カエサル（Jules Cesar）は、その労役に対する辛抱強さを高く評価した。

かつてこの屈強な馬は、下級兵士の軍馬の役目を果たした。中世では、エルサレム解放のための遠征で、領袖よりもむしろ従者の馬の役回りで十字軍に同行した。戦時に砲兵隊で長くその重要性が認められた。その後、農業や運搬の苦労に身を投じる。ナポレオンが引き起こしたロシアでの悲惨な戦場では最も重要な活力源となった。この馬だけがモスクワの厳しい冬を堪え忍び、生き残りの弾薬手や屍、軍事補給の重い貨物や大砲を勇敢にも引っ張り続けた。

この馬は、その体つきに似合わず適応性があり、おとなしい性格なので、取り扱いや調教が容易である。すばやく軽快に移動したり、市街地の道路や高い土手や垣根に挟まれた道を四輪馬車を引いて走ったりするのには理想的な馬で、牝馬の大きな骨盤は胎児の移送を行うための柔らかい揺りかごである。さらに馬乳を薬として使う栄養士はこの馬の高い生産能力の恩恵を受けている。戦争で虐殺された後、アルデン馬は自分の身体を科学に利用されている。これ以上何をこの馬に要求するのだろうか？

労役馬
Les travailleurs | ブルトン (*Le breton*)

生きた世襲財産

従順で、順応性、耐久力、迅速性をそなえるブルトンは、十字軍の時代にテンプル騎士団員[1]から非常に高く評価された。

ブルトンの出自はブルターニュ地方の歴史の黎明期にさかのぼる。ケルト人が東ヨーロッパからやって来たのと同時期にそこに居着いたらしい。このモンターニュ・ノワール山地のポニーであるアリアンタイプの小型の馬は、ローマ人の侵入以前にすでに存在していた。ブルターニュ地方の貨幣には、遠い昔、この国で最も貴重であったこれらの馬の肖像が描かれている。

この堂々たる品種には2つのタイプがある。つまり、丈夫で従順な鞍馬と郵便馬車用馬とである。ブルトンは、重種馬の中で最も小型の馬の1つである。中世は、まさにこの馬の黄金時代であった。この馬の中程度の背丈、側対歩と速歩に似た独特の歩様は、その時代の世情に照らし合わせて見ると大いに魅力的であった。155〜165 cmの身長、力強い頸から丸みを帯びた尻までのまとまった丈夫でずんぐりした胴体は、四角い均整のとれたシルエットを生み出している。この時期、第3のタイプが存在した。モンターニュ・ノワール山地の町の名をもつコルレ (corlay) である。ブルターニュの種馬牧場は、現在絶滅状態だが、さらに軽快なタイプのこの品種を作り出せると予想している。

十字軍の遠征時代やその後数世紀にわたって、ブルトンは数多くの交雑を重ねた。特にロアン家 (Rohan)[2]の騎士が持ち込んだアラブ馬の種牡馬との交配が手始めである。側対歩で走り、疲れを知らぬ小柄な馬コルレが生まれたのはおそらくこの交配からであったろう。この馬は、乗馬のみならず、鞍馬にも使われ、地方競馬用の競走馬の代わりもした。

他との交配（ブーロンネ (boulonnais)[3]、アルデン馬やペルシュロン (percheron)[4]との間）で、農耕用に使う重種タイプが生産される。また一方、19世紀に極めて有名であったイギリスの速歩馬ノーフォーク・ロードスター (Norfolk Roadster) の血を取り入れて、フランスのヒット商品で自慢の郵便馬車用馬を生産した。イギリスの始祖と同じく、これは優秀な速歩馬である。丈夫でおとなしく、扱いやすくて耐久力があり、繋駕レースでは異彩を放つ真のスポーツ用馬である。もちろんレジャー用の馬としてもエリートになっている。

ブルトンは危機に瀕した品種の繁殖援助用に加えられてヨーロッパで保護され、全世界にますます輸出されている。この馬はよく働くのでアメリカ合衆国から日本、さらにスペインからバルカン半島方面まで、非常に高く評価されている。この品種の特質を保存するため、1920年以降、外部からの血の導入は受け入れられていない。

ほどよい背丈のブルトンは誠実な重種馬で2種類のタイプがある。鞍馬用には体重が900〜950 kg、郵便馬車用は900 kgである。

労役馬
Les travailleurs | ノルマンディーコブ [1] (*Le cob normand*)

COB

強さと繊細さが融合した成功例

体重：550〜800 kg、き甲までの背丈：158〜172 cm 重種馬の世界でも軽い方。農業用とパレード用の間に位置する理想的なタイプ。

これは紀元の黎明期における最優良輓馬（ばんば）の1つに数えられている。確かに人の心をとらえるすべてをもっている。様々な祖先から受け継いだ長所各々を保持している。つまり輓馬の誠実さ、丈夫さ、穏やかさ、さらに軽種馬の感応力、活発さ、警戒性をそなえている。重種馬と軽種馬の巧妙な合成が、ノルマンディーコブに比類ない優雅さをもたらした。スポーツ的で、かつ御しやすいこの馬は繋駕（けいが）のチャンピオンである。競技では驚くほどの我慢強さで稼ぐ。さらに最良の逍遥馬の柔軟性でもって乗馬鞍の下で滑らかに行進し、瞬く間に遠乗りの快適なお供となる。かくして、その名に相応しく、逞しい軽種馬に変身し、活発に肢を高く上げた歩様で騎手に非常に喜ばれている。

ノルマンディーコブは、もう1つの特性をもっている。それは決して劣ったものではない。それによって素晴らしい親しみの湧く馬になるのである。この馬は素朴である。牧草地の中の避難場所で我慢して、どんな気候風土にも順応するのである。そこで現れるのが輓馬の血である。冬の厳しさを恐れない。

1998年までコブとノルマンディーコブとは区別されていた。コブはノルマンディーコブの牝馬と無差別に選択された種牡馬の間で生産された。しかし、コブはもはや存在しない。無秩序な混血によって生産者自身の馬の伝説的な善良さを損ねるのを恐れて、主要な所有者であるノルマンディーの種馬牧場がこの決定をした。つまりノルマンディーコブとなるためには、両親とも同じ品種で一定の性格基準を満たさなければならない。したがって、ノルマンディーコブの種牡馬はフランスの馬だけであり、労役テストでその適性を立証しなければならない。機能的偏向を避ける良い方法である。

77

労役馬 Les travailleurs ｜ クォーターホース（*Le Quarter Horse*）

疲れを知らない超活動型

これは世界で最も広く知られている馬の品種で、労役やレジャーすべての分野で卓越している。

　この馬は"アメリカンドリーム"と呼ばれている。力強くて落ちついており、世界で一番足の速い品種の1つで、もちろん多様な能力をもっている。競馬、遠乗り、耐久レースのいずれについてもこの馬に望みをかけることができる。しかし、クォーターがことの他有名なのは、雌牛の誘導におけるカウボーイとの活躍ぶりである。

　クォーターホース。伝説の馬としては奇妙な名前ではないだろうか？ご安心願いたい。"4分の1の馬"ではなくて、4分の1マイルを走り抜く能力からきているのだ。競馬に情熱を傾けたアイルランドからの移民が、遠いアメリカにこの趣向を持ち込んだ。つまり彼らは、自分たちの馬に西部のパイオニアの町の大通り、その長さが大体4分の1マイル（約400 m）を走らせた。この短距離ではカウボーイの馬が世界で最も速く走るサラブレッドよりも速いことが明らかになる。これが評判となり、クォーターマイルホースと呼ばれ、ついにクォーターホースとなったのである。

　後退運動、急激な駈歩、収縮姿勢や樽回り競技などのアメリカ式乗馬はクォーターホースのユニークな長所を褒め称える華麗な演目である。家畜を捕らえ、選別し、囲い地に入れるため、子牛を追跡し、投げ縄で捕りおさえることは、カウボーイの乗用馬の全力量を示している。

　クォーターは堂々たる体躯である。き甲までの背丈は150〜160 cmでそれほど高くはないが、非常に逞しい筋肉質である。四肢はほっそりとして真っ直ぐに伸び、後躯は極めて強力で、胸は広く、肩はよく発達し、眼差しは優しく、小さくて優美な頭をもつ実に美しい運動選手というタイプである。毛色については、色彩の幅が広い。漆黒や青毛は際だっている。が、この馬には一連のインディアンサマー色[(1)]やパロミノ[(2)]の純金色のかかった赤銅色を呈しているのもいる。

クォーターホースは野ウサギのように駆け出し、ぴたりと止まると言われている。

労役馬
Les travailleurs | ストックホース（*Le Stock Horse*）

多様な能力をもつ農耕馬

固有の名前をもたないこの馬は、孤立した大陸のカウボーイの最も忠実な仲間である。"ストック"とはオーストラリアでは家畜を意味する。

オーストラリアの家畜用の馬である。しかしながらその歴史は浅く、波乱に富んでいる。その祖先はニュー・サウス・ウェールズ[1]生まれで、この地方の名前が付けられている。つまり、この誠実で頑固でかつ勇敢な馬、オーストラリア馬は"ウェラー（waler）[2]"と呼ばれているのだ。

重い荷を引いたり、背にして運んだりするには実に強く、家畜を追いかけたり、選別したりする早さに問題はなく、乗馬としても多くの切り札をもっている。オーストラリアのカウボーイである牧畜業者のお気に入りの助っ人ウェラーは"太っているが賢くて良い馬"だと言われており、イギリス軍にとっては幸運をもたらすことになる。大英帝国の戦線すべてに志願した羊の群の牧夫らは一兵卒に変身した。第1次世界大戦の際、インド、南アフリカさらにヨーロッパで模範的な勇気でもって戦いに挑んだ。12万頭のウェラーが戦争のために犠牲になった。かくしてこの品種は姿を消す。"最後の戦争"が終わりを告げたとき、ウェラーはほとんどいなくなってしまった。

そこで、オーストラリアの牧夫たちは、アメリカの従兄弟馬、何にでも使える神話的な馬クォーターホースに目を着けた。彼らは難を逃れたウェラーに西部の伝説的な馬や叢林を荒らすブランビ"ならず者"をかけ合わせ、新しい品種をつくり出す。これには名前が付けられていない。このようにしてオーストラリアの牧畜用馬ストックホースが生まれた。ストックホースはサラブレッドやアラブ種の血を入れて改良され、耐久力があり、多目的に使用できる馬となる。野外における労役の生活によってむらのない安定した性格となる。

いずれにしても、如何なる機械もとって代れない幅広い野生味のある必要不可欠の仲間であることに変わりはない。

スポーツ馬
Les sportifs | アラブ純血種（*Le pur-sang arabe*）

神に愛された風と露の子

神が直接手をくだし、風と露から生まれた最も美しい創造物。「私はお前を馬と名付ける。私はお前をアラブ種にし、お前の両眼の間に垂れ下がる前髪に至福を授ける。お前は他の動物の長となり、人間はお前の行くところへついて行くだろう。お前は攻めるときも逃げるときも優れている。お前は宝物を背中に乗せ、富を築くであろう」。神がアラブ馬を創造したとき、このように述べたとコーランは伝えている。

この馬は野蚕糸の毛色に覆われたプリンスである。白鳥のような頸の付け根の繊細さはまさしく空中に浮かぶ美しさの感がある。この馬は花形ダンサーの優雅さをもっている。額は広く、耳は小さくてカーブしており、よく開いた鼻孔をもつ鼻は鋭敏で、これらいずれの特徴も、頭脳が明晰で生き生きした印象を与える。

この馬は、たいへん活動的で従順だが、経験豊富な騎手の柔軟で、かつ断固とした拳が要求される。迅速で耐久力があり、疲れを知らず長距離を走破する。しかし、障碍飛越の種目で有名になるには力不足である。かつて、粗末な餌だけで砂漠の乾燥しきった、石ころだらけの地面で鍛えられた確かな肢をもっているラクダと同じように、アラブ純血種は、僅かな食物と水だけで信じ難いほどの耐久力をもち、長時間活発な足どりで荷物を運ぶことができる。

遠い昔から現代まで、中東[1]においては、アラブ純血種はアラブ侵攻の際、マグレブ[2]全土に分布した。その後、ムーア人はスペインやフランスにこの馬を持ち込んだ。また十字軍の遠征から帰還したキリスト教徒の騎士らは地元の馬の品種改良のため、アラブ馬

美しい空色の野蚕糸の毛色で覆われたプリンスである。

平らな額、僅かに凸状の鼻梁、よく動く小さな耳、広がった鼻孔、これが理想的なアラブ馬の頭部である。

アラブ純血種は全品種の改良馬と考えられている。

を多数持ち帰った。

紀元前2000年頃、シリアの北東からやって来たキクソス族が、バビロンに、また約300年後エジプトに家畜化した馬を持ち込んだ。これらのバビロンやエジプトの馬が中東や北アフリカのアラブ馬の先達である。後年、マホメットは、ソロモン（Salomon）[3]とファラオ（Pharaons）[4]が注目したこの馬を自分の征服の先導者とした。模範的な騎手である預言者は、アル・ボラク（Al Borak）という名の馬の他に5頭の牝馬をもっていた。伝説によれば、世界のアラブ純血種はすべてこれらの子孫であるという。マホメットが最も好むのは、毛色が赤茶色で同色のたてがみや尾をもつ馬である。それ以来、これがこの美しい赤銅色を指し示す言葉"栗毛（alezan）"の始まりとなった。

次にアラブ世界は、8世紀のイスラム教徒のスペイン侵攻後、同地に持ち込んだ小型で敏捷な品種を開発した。馬の生産者は最高の富を手にするために、この品種を地元の馬と交配させたのである。これらの馬は迅速性と耐久力で有名となり、12世紀以来イギリスやヨーロッパ大陸に大量に輸入された。この家畜化された馬は、16世紀にスペインのコンキスタドールと共に初めてアメリカに現れたのである。このことはアラブ馬の血が全世界に散らばった品種の中に流れていることを物語っている。言い換えれば、アラブ馬はすべての品種の父である。立証するものは何もない。しかし、アラブ馬はサラブレッドの始祖であることは間違いない。

通常、アラブ純血種（pur-sang arabe）は3グループに分けられる。つまり競走用アラブのアハル・テケに非常に近いマナギ（managi）、同じ地方の出自で中央ヨーロッパで育ったシャギャ（shagya）、最後に中東の純血アラブ（arabe pur）である。3グループとも素晴らしい。一般的に言って背丈は小柄、およそき甲まで147〜152 cm、スピードと耐久力が主要な特徴である。

この風の子はユニークで、他の混血品種のどの馬よりも肋骨が1本と椎骨が3個少ない。このため、非常にずんぐりした特別な身体で、背中は大変短く、尾を高く保っている。流麗な歩様はあたかも空中でダンスをしているようである。我々に夢を抱かせ続けるこの馬の美しさを強調するのにさらに何が必要だろうか。

スポーツ馬
Les sportifs | サラブレッド（*Le pur-sang anglais*）

駿足向きの身体つきをしたこの馬は
競馬場を征服した

サラブレッドは明らかに世界で最も速い馬である。250年前から競馬の世界に君臨している。足が速く軽快なこの馬は改良馬として用いられ、世界の数多くの品種をその活力で刺激した。

17世紀の末、イギリスで貴族授爵状を競馬に与えたのはチャールズ2世（Charles II）である。サラブレッドが恩恵を受けているのはこの君主である。駿足馬の生産に意を尽くした彼は、その発展を助長した。王様のスポーツであり、スポーツの王様である競馬は急速に大衆化する。そして現在では正に世界的産業になり、勝ち馬投票システムによって維持されている。

歴史を顧みれば、18世紀における3頭の種牡馬、ダーレーアラビアン、バイアリータルク、ゴドルフィンアラビアンがサラブレッドの祖先である。しかしながら、イギリスにはその当時すでに競馬馬の生産に古くからの伝統があった。同国の最良牝馬の祖先は、スペイン系、イタリア系、バルブ系である。アラブ馬の種牡馬は土着の牝馬に生ませた子のスピードを高めることはなかった。しかし、新

17〜18世紀のイギリスに現れた純血種の生産は
世界的に広がった。

サラブレッドの選択は形態学的な基準よりも、速く走る能力に基づいて行われる。

フランス人画家テオドル・ゲリコール（Théodore Géricault）のサラブレッドは、この品種の特徴の1つである優雅さを表現している。

しい優勢な血を与えることによって、子孫は改良され、定着した。サラブレッドの迅速性は生産者がより軽快なより強い馬を選択すればするほど、とどまることなく加速した。1770年以降、アラブの血を入れることが止められた。なぜなら、地元で生産された馬やそれらを交配して生まれた馬でよりよい結果が得られるようになったからである。この"品種のリーダー格3頭"が現れたのは、ちょうどこの時期で、ヘロド、マッチェム、および有名なエクリプスである。

形態学的な根拠よりもむしろ速さの能力に基づいて選択されたサラブレッドは、個体によってかなり違ったタイプを現す。身体的特徴に一定の基準がない。背丈は154〜180 cmと様々で平均165 cmである。全体的に見て運動選手の印象を与える非常に均整のとれた長肢型の馬である。頭部はいずれも小さくて鋭敏、胸部は奥行きを感じさせ、肩は斜めになっており、後躯は筋肉が逞しく、競馬には最適である。斜めの肩は駈歩の歩幅に必要な大きな振幅を与える。

駿足向きのサラブレッドは、流線型の身体と生き生きとした性格をもっており、それらがエリートの名にふさわしい馬を作り上げている。この馬は特に平地競馬やステープルチェイスと呼ばれている障碍競争に優れている。平地競走馬は次の4種類に分類される。1000 m競争のスプリンター、1600 mのマイラー、2400 mのクラシック、および長距離を駈歩で走るステイヤー。

近親交配に起因するある種の神経の脆さにもかかわらず、卓越した肉体的構造によって、この馬は極めて良質の品種改良馬に使われている。純血種のアラブ馬との交配によって、優秀なアングロ・アラブが生産された。

サラブレッドは精確で敏感、壊れやすいが繊細な素晴らしい機械装置である。この馬は暑すぎたり、寒すぎたりの厳しい気候には耐えられない。その卓越した身体的素質、周囲の状況に対する鋭い感覚、過剰なまでの憶病な性格のため、騎手は極めて熟練した者に限られる。ある人にとっては、この馬は生き神様で、完璧なスピードの権化である。その卓越した駈歩の足どりごとに全世界の競馬場で多額の金が飛び交う。利益を生み出す営みの源泉が馬にあるのなら、馬は競馬の魅力と楽しみの疲れを知らない立役者でもある。

スポーツ馬 Les sportifs｜オルロフトロッター（*Le trotteur orlov*）

大国ロシアの速歩馬

19世紀、オルロフトロッターは、世界で最も優秀な速歩馬とみなされていた。

この馬には、貴族で生産者のアレクセイ・グリゴリエビッチ・オルロフ（Alexius Grigorievitch Orlov）伯爵の名が付けられている。同伯爵は、1777年にアラブ馬の種牡馬（smetanka）とデンマークおそらくフレデリックスボル県原産の牝馬をかけ合わせたのである。その後、彼はサラブレッドやアラブ純血種、オランダやデンマーク原産の乗用馬の牝馬をかけ合わせて、交配相手の選択の幅を広げた。非常に背が高く猛烈にスピードの出る馬オルロフトロッターは、19世紀には世界最強のトロッターとなった。後に、この馬はフランスのトロッター改良のために使われた。その血はユンヌ・ド・メやロケピンヌの伝説的チャンピオンの血管の中を流れている。

極めてエレガントで力強く、かつ軽快なオルロフトロッターは、白鳥のような頸を高く保ち、き甲までの背丈は180 cm、毛色はこの品種の始祖にあたる種牡馬の祖父バース1世（Bars I）の連銭葦毛である。

競馬場以外では、オルロフトロッターは、伝統的にトロイカを繋駕する。この立派な橇を引く馬はロシアの長い冬の間、雪の上を帝政時代のロシア皇帝、王族や要人たちを運んだ。トロイカは、その名が示す通り3頭並んだ馬に引かれる。真ん中の馬は頭を高く保ちながら速歩で走り、あとの2頭は頭を外に向けて歩度を縮めた駈歩で走る。ロシアの歴史はすべてこれらの馬の装具を飾っている鈴の音と共に繰り広げられるのだ。

白鳥のような長い頸をもつ極めてエレガントなこの馬は良質の品種改良用の馬である。

スポーツ馬 Les sportifs | ハノーバー（Le hanovrien）

競技用馬の王者

300年にわたる厳しい選択によってハノーバーは、スポーツの舞台の前面に導かれ、オリンピックにおける3種目の競技で抜きん出る。

障碍飛越、馬場馬術、繋駕（けいが）、ハノーバーはこれらすべての競技で卓越している。

この偉大なゲルマンの馬は、世界の至るところで舞台の正面を独占する。軽快で力が強く、き甲まで少なくとも160 cm、時には180 cm以上のものもいる長身のこの馬は純血種の肉体と半血種の骨格を兼ねそなえている。この豪華な種は地球上における最優秀馬の1つで、異論はない。

この馬の生産は、18世紀の偉大なハノーバー選帝候で後の英国王ジョージ2世（George II）が、ツェレ[1]の種馬牧場を設立したときに始まる。ホルシュタイン種牡馬と地元の牝馬の最初の交配種は、その後サラブレッド、アラブ純血種やトラケーネンの血が加えられ洗練されていった。この巧みな異種交配からハノーバーはこれら祖先それぞれの長所を受け継いでいる。しかし、この遺伝子の貢献だけでは充分ではない。この完全な馬の生産を成功させるためには、生産者のプロ意識と厳しさが必要であった。柔軟性や確実性に欠け、臆病で扱いにくい性格の馬は、直ちに再生産の対象から排除される。なかなか満足しない生産者は自分たちの馬を厳しい選抜テストにかけて、ようやく、繁殖に適している馬であることを認める。これは1級品の馬を確保するための必要不可欠の条件である。その馬はハノーバー家の帝王やもちろん英国王の豪華な四輪馬車を引いていた。しかし、それ以後、ハノーバーは世界の競技大会で最高位を維持している。この馬は特殊なスポーツ用馬を生産していない大半の有力なチーム（フランス、アイルランド、オランダ）のレベルを高めるのに貢献している。10年を費やして、ハノーバーは、馬場馬術と障碍飛越の世界選手権大会で最も強い品種として血統台帳上に頭角を現した。

スポーツ馬 Les sportifs | 狩猟用馬（*Le cheval de chasse*）

どのような地形でも快適に

ガリア人[1]がこの種の狩猟を考え出し、ルネサンスがこれを完成させた。馬に乗り、犬を使うこの狩猟は極端に儀式化され、騎馬のハンターが猟犬の群の後を追いながら、それらを使って獲物を狩り立て追跡するのである。きわめて早い時期にアングロサクソンの国々に続き、アメリカ合衆国にも広まり、2つの流派に分かれた。フランスでは大規模な騎馬狩猟が、大型の森の動物、つまり、シカやイノシシを狩り出す。英語圏の国々では、小規模の騎馬狩猟でもっぱら野ウサギやキツネを対象とする。

イギリス以上に形式にこだわる狩猟の習慣をもつフランスは、昔の豪華さをそのまま継承している。

狩猟用馬は、時には過酷な条件下で1日中疲れることなく、1人の騎手を支え続けるので、ことのほか丈夫でなければならない。さらに、狩猟獣を追跡し、また如何なる状況下でも聞き耳をたてて立ち止まるため、速く走ることと静止していること双方が必須条件である。要するに、信頼ができ、耐久力のある馬の模範とならなければならないのだ。

最優秀の狩猟用馬は、おそらくアイリッシュ・ハンター（hunter irlandais）であろう。サラブレッドとアイリッシュ輓馬（ばんば）の交配から生まれるこの馬は、力が強く、安定しており、優秀な障碍馬であることは一目瞭然である。さらにこの馬は、優秀なクロスカントリー用の馬でもある。特に先天的に狩猟に対する一種のカンをもっている。健脚で気質にむらがなく、めったに病気にならず、大食ではなく、どんな所でも駈歩で走ることができ、複雑に茂る灌木を難なく飛び越え、獲物を追いつめる猟犬の群が吠え続ける声を決して聞き逃さない素朴な馬である。

同じような趣向でもっと健全な試み、例えば、森や草原を夢中になって走り回る単なる遊びなどのように、田園地帯を駆け回ることをこの馬に期待することができるのではなかろうか。

シャンティイ[2]における狩猟風景。この催しには物に動じない耐久力のある馬が必要である。

スポーツ馬
Les sportifs | ブロンコ (Le bronco)

ロデオは、野性的な自然に立ち向かう力強い男の象徴である。

筋金入りの性格

ブロンコは西部の野性的競技ロデオの最も人目を引く典型的なスポーツの英雄である。この馬はロデオの6種目の古典競技中の2つ、"サドル-ブロンク・ライディング"と"ベアーバック・ライディング"に用いられる。カウボーイが怒り狂った雄牛に跨る"ブル・ライディング"は、残り4種目の1つである。"ステア・レスリング"、"カーフ・ロービング"および"チーム・ロービング"では完全に調教されたクォーターホースが使われる。これらは牧人の才能を示すためで、競技者は若い雄牛[1]を1名ないし2名で押さえ込まねばならない。

"サドル-ブロンク・ライディング"は、ロデオの中でも最もよく知られている競技である。馬は自分を締め付けているベルトが腰に食い込めばますます激しく後肢を蹴り上げるが、カウボーイはその馬の鞍にしっかり跨り、8秒間以上落馬せずに騎乗していなければならない。もちろんその間、騎手のスタイルが評価される。彼は鈍くしてある拍車の先で、リズムに合わせて馬の横腹をつつき、片方の手だけで端綱を握り、他方の手は馬に触れてはならない。リズムに乗って後肢を跳ね上げるブロンコに密着することが成功のカギ。なぜなら騎手にとって馬の動きに調子を合わせやすくなるからである。"ベアーバック・ライディング"は一層難しく危険である。ブロンコには鞍も鐙も端綱も付けられていない。選手は飛び跳ねる馬の背中にしがみつくには、下帯に取り付けられた止め金1つだけを使うことができる。決められた時間やスタイルは鞍を置いた場合と同じである。

ブロンコの中には特に騎手を振り落とすために生まれついたものがおり、これらは好評を博する。しかし、一般に考えられているのとは異なり、ロデオは野生馬に初めて鞍を置いて乗るのではない。ブロンコの中でも"跳ね回る子ヤギ"のように後肢を跳ね上げる馬がロデオ用の良馬になると言われている。馬房から引き出した途端、腰にベルトをあてがい、これを極限まで締め上げ、狂ったように跳ねさせる。規定の時間が過ぎると騎手は素早く駈歩で近づきベルトをはずす。すると馬はすぐにおとなしくなる。この男性的な遊びは野生馬を厳しく調教するその前段階から直接ヒントを得たに違いない。

"サドル-ブロンク・ライディング"は、ロデオの古典的競技である。馬は腰回りを締め付けるベルトが引き起こす痛みで後肢を蹴り上げる。

87

スポーツ馬 Les sportifs | ブズカシ用の馬 (*Le cheval de bozkachi*)

Bozkachi

厳しい試練に身を置いた戦士

ブズカシ用の馬はいつの時代でも国境を越えて有名である。中国人はこれらの馬を"天上の馬"と呼んで崇拝した。

ステップの中央部に起源をもつブズカシは、昔チンギス・ハンと彼が自分の"オオカミ"と呼んでいた戦士らがヨーロッパとの境界付近で猛威を振るっていた時代に行われていた馬術競技である。ルールは簡単で、チーム対抗のスポーツではなく、10名以上の騎手が集まり、各々が首を切り落とした雌ヤギの皮をそれぞれ自分のものにするために奪い合い、その戦利品を手にしてステップの遠い地点に立つ棒を迂回して、生石灰でしつらえた円形の"決勝点"に向かい、その真ん中に投げ入れる競技である。戦利品とは競技の前夜、儀礼に従って雌ヤギか、時には子牛の喉を切り、内蔵を取り出し、そこに砂を詰め込み取り上げにくくするため四肢を切り落とし、一晩中水につけて重量が40kgにもなる、いわば袋詰めである。

攻撃のためにはどのような手法を用いても許される。足で蹴る、鞭で打つ、それらの技が馬の下顎や騎手の頬に及んでもかまわない。情け容赦のないこの競技の騎手が持つ3つ編みにした皮の鞭の先端には鉛玉が入っている。ブズカシは欧米人が理解しているような集団で行う競技以上に略奪戦争の実践的競技である。将来競技に用いる馬は出産時からあらゆることに注意が払われる。分娩の際、赤子を地面に落とすと"力が奪われる"と言われ、それを恐れて落とさないように用心する。生まれてくる子馬の毛並みが滑らかで色鮮やかになるように、雌親の1日分の飼料に生卵10個が加えられ改善される。3歳になるまでは全く自由に育てられる。40kgをもつための厳しいテストの後、5年経過するまでは競技に参加しないことになっている。このテストは夏とともにスタートする。食物は馬の体重を増やすためにトウモロコシとメロンをベースにして栄養豊富にする。馬は輝く太陽のもとでつながれ、当初は1時間、それから徐々に時間が延ばされる。馬は苦しみに耐えることを学ぶ。トルクメンの砂漠では日中の猛暑が終わると夜は凍てつくような寒さになる。が、馬は腰を毛布で保護されるだけで、すべてに耐えなければならない。

毎朝、馬体は洗われ、ブラシがかけられ、櫛でとかれる。試合の前には苦痛を和らげるため、歯茎に阿片が塗られる。たてがみと尾は切らずにのぼり旗のようになびかせる。主役が騎手であれ馬であれ、その焼き入れされた鋼鉄のような性格と同じ程度に固い蹄には蹄鉄は必要ない。逞しいケンタウロスの名騎手はブズカシの目的である"雌ヤギ取り"の荒っぽい競技で袋詰めを奪い取るため、乱闘の中で競い合う準備をするのである。

スポーツ馬 Les sportifs | ポロポニー（*Le poney de polo*）

ポロの試合は"チャッカー（chukkas）"と呼ばれる7分30秒の競技時間[1]に区分される。馬は1試合中2チャッカー以上戦うことはできない。それほど馬の疲労が激しい。

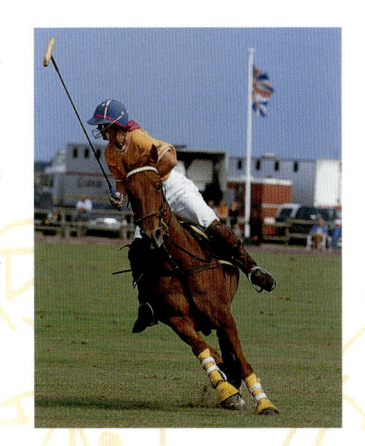

ゲームセンスのある猛進型の馬

発祥の地がアジアのポロ競技はおそらく世界で最も古い、馬を使うスポーツの1つであろう。紀元前5世紀には、すでにペルシャから中国にかけて行われていた。これはブズカシをさらに磨き上げた競技である。この名前は"ボール"を意味するチベット語のプル（pulu）に由来する。この競技はチベットの高地からインドに伝わり、そこでは、いくつかの王国の国技となり、イギリスの入植者の好奇心をかき立てた。このようにイギリス人がこれを発見した最初のヨーロッパ人である。1859年彼らのうち2人がアッサム[3]とビルマ[4]の間にあるマニプル王国に最初のヨーロッパポロクラブを設立した。10年後、第10軽騎兵隊の将校が初めて本国でポロ競技を行った。ロンドンの上流社会は非常に早くからこの新しいスポーツに夢中になった。北米やアルゼンチンでは、最も速いスピードの1つギャロップで行う競技に熱中するまでに、10年もかからなかった。

50年も経ないうちにアルゼンチンは世界的強豪となり、彼らの馬が最も人気のあるポロポニーとなった。マニプル王国のインド人プレーヤーが騎乗したき甲まで125 cmを超えない馬を引き合いに出して、このスポーツに関わるポニーが語り継がれている。

今日のポニーは150〜160 cmに達している。これはクリオロやクリオロと純血種の交配種で、全速力で方向転換ができ、ボールに対する天性の感覚をもっている。ブエノスアイレスの建設者ペドロ・デ・メンドサ（Pedro de Mendoza）が、1535年に連れてきたアンダルシア種とバルブ種の子孫であるクリオロは、南米大陸の南部すべてを征服した。"スペイン原産"を意味するその名前は歴史を物語っている。生存の厳しい条件に順応しなければならなかったクリオロは世界中で最も耐久性に富む品種の1つである。柔軟にかつスピードを出しながら悪路の長い道のりを重い荷物を背に運ぶことができるこの馬は、最良のポロ用ポニーになった。

スポーツの王様であるこの騎馬ホッケーが、アルゼンチンの大平原の小さな野生児を貴族に仕立て上げたのは、このスポーツを通して数世紀の流れの中で培った優れた性質をこのポニーが示すことができたからである。

クリオロ（criollo）[2]の牝馬とその子供。アルゼンチンのこの品種は最も貴重なポロポニーである。

芸術の馬
Les artistes
アラビア騎兵の騎芸"ファンタジア"用の馬（Le

この馬には
実戦の趣がある

モッカダム（Mokkadem）の指揮下で、5名から25名の騎兵からなるソルバ（sorba）[1]は、スタートラインに間隔をつめて一列に並び、揃って伸長駈歩で突進する。

ア ラビア騎兵の騎芸は、まさに軍の観閲式である。そこでは馬、騎手および武器で攻撃戦力を披露する。その戦力はイスラム教徒の征服者が指導した遊撃戦法を直接受け継いだものである。何処からともなく突然現れ、大声をあげながら敵に襲いかかり、最も殺傷力の強い一撃を見舞い、同様の攻撃をさらに巧妙に繰り返すため直ちに姿を消す。つまり攻撃と後退である。アラビア人は半世紀の間にこの技術によって世界の隅々までヨーロッパとアジアの境にあるペルシャ、シリア、パレスチナ、リビア、エジプトと「西」を意味するアラビア語で示す"太陽の沈む地方"全体、すなわちマグレブ[2]にマホメットの啓示を伝え、従わせることができた。スペインは、彼らの最後のヨーロッパ征服の地である。

北アフリカには太古の黎明期から、アラブの征服者の馬よりも少し大きくて、より丈夫な体の構造をもつ馬がいた。古代ローマ人が占領していた間、マグレブの住民、ムーア人、ヌミディア人[3]、ゲトリア人[4]は、"バルバール（外国人）"と呼ばれていた。つまり"ローマ帝国とは無縁"を意味する言葉である。"ベルベル人"[5]は、この言葉から派生した語である。ムーア人やヌミディア人の馬は"バルブ馬"と名付けられた。

事実、スプリント向きの歩調をもつバルブ馬は、極めて軽快で耐久力がある。短距離では最も速い馬の1つに数えられる。このことからファンタジアにとって理想的な馬となる。

ファンタジアは数世紀以来、色々な形で北西アフリカの国々に伝承されている。中世ではその説明の1つに次のようなものがある。つまり駈歩で走る馬上から、柳の枝を編んで作った球形の鳥かごに向けて矢を放ち、そこに閉じこめられている鳩を自由の身にすることであり、その鳩は怪我1つせずに飛び去ることができなければならない。ムーア人の戦士が要求されたのは正確な"とどめ"であるということ。小火器が出現して以来、ファンタジアといえば火薬が中心となり、アラビア語ではこの騎馬娯楽を"火薬の遊び"という名前で呼ぶことになる。

ファンタジアに使われる馬は、バルブ馬か、またはバルブ種の血が支配するアラブ馬よりも丈夫なアラブ-バルブ馬である。ただし、これは種牡馬だけで、牝馬は受け入れられない。それとは逆にファ

cheval de fantasia)

バルブ馬。アラビア騎兵の騎芸は如何なる時でも使用できる種牝馬のみ受け入れられる。牝馬は妊娠期間中や発情期には騎乗できない。

……200m走路の端で騎手はいっせい射撃を行う。銃声は同時にすさまじい音でなければならない。さもなくば、ソルバ全体の不名誉となる。

ンタジアの女性騎手に出会うことがある。稀ではあるが優れている。

忍耐、寛容、理解が調教のキーワードである。幼年期中、子馬は母乳の他に、ラクダや羊の乳とナツメヤシの実のような果物で体を強くする。2歳になると、徐々に銜なしの頭絡に慣れさせてから、蜂蜜に浸した銜を噛ませる。それから14〜18歳程度の少年が鞍なしで騎乗する。その後完全に馬具を付ける。調教は5歳ないし6歳まで続ける。馬は、群衆や銃声、叫び声に慣れ、突撃開始にそなえて卓越した力強さを蓄えて、平然としていなければならない。

馬は王族のように装具が付けられる。金糸銀糸で縁取られたビロードの鞍、重ね合わせたゼッケン、防砂用遮眼帯、馬にとって何ひとつ美しすぎるものはない。しかし、鋭く尖った鐙は軍馬の横腹に強くあたる。グルメット付きの銜は特にきつい。これで馬を正確に止め、直角に回さねばならないからだ。ジェラバ[6]を着ている騎手は、ウエストバンドにコーランの抜粋を入れた小さなサックを付けている。これは騎手に"神の加護"を保証する。神を賛美して定められたファンタジアは神の軍隊の真の芸術である。さらに、夜ともなれば、参加者全員はモスクの周りに集まり、さっと自分たちの武器を置く。これらの風の騎手は12歳から80歳までで大胆さと威厳を競い合う。彼らにとって、馬と銃を持つことは常々自分の自由のために武装することである。

芸術の馬 Les artistes | 闘牛用の馬 (Le cheval de corrida)

現在のイベリア原産の馬の直接の祖先になるスペインの小型馬は、ルネサンス期のヨーロッパにおける全宮廷で高く評価されていた。

闘牛場では孤独な勇士

風が純血種の牝馬を受胎させたのである。ゆえに馬はすばしこいのだと伝説は語る。純粋に形態的な美としばしば考えられている闘牛用の馬は、"気高さ"という言葉の生きたイラストである。柔軟、力強さ、情熱的、従順、バランスの良さ、そのポートレートは、すべて長所に変化する。ただ、この熟達したダンサーは、槍の刺し傷を受けた雄牛に襲いかかられる立場にいるだけのピカドール[1]が騎乗する全身を馬衣で飾られどっしりした馬とは全く違うことに注意してほしい。イベリアの馬といえば、騎馬闘牛の英雄であり、黒っぽい鈍重な雄牛をうろうろさせたり、駆り立てたりするなかなか捕らえられない蜜蜂なのである。

イベリアの純粋種シャルトルー (chartreux)、ルシタニア (lusitanien)、アルテル-レアル (alter-real)、サパテロ (zapatero) は、ルネサンス期の貴族階級が切望したスペイン原産の小型馬の直系子孫で、いずれも独自性を持つ馬を明確にするための名前である。ヨーロッパのすべての宮廷においてスペインの小柄な馬は非常に高く評価されていて、ほとんどすべての品種改良のためそれらが使われている。この馬の堂々とした風格、優雅さは当代の馬術学校に繁栄をもたらした。ローマ人は数世紀前に、すでに比類ないと判断したこの軍馬的機敏さと使いやすさを賞賛していた。2000年前、人々はこのスペインの大物が運動しているのを観賞するだけで、自分もこの馬に乗ることができる特権階級になったような幻惑に誘い込まれた。このような馬は、持ち主が全財産をはたいて交換したと言われている。評価できないほど価値があったということである。

長い間、ルシタニア種とアンダルシア種は、同じ血統台帳に所属していた。今日それらを区別するとしても、双方ともその身のこなしや暑くて乾燥した気候に順応した体形においても、固い蹄、上質の毛並み、濃いたてがみや尾など、多くの共通する性質を持ち合わせているのには変わりはない。

騎馬による闘牛術は18世紀に廃れた。庶民階級出身の男たちが名を挙げる徒歩のコリーダとは反対に、騎馬闘牛は貴族が行っていた。しかし、やがて"戦術"は大きく変わった。時代は軍馬に対し

貴族的で寛容、従順ではあるが、気の強いルシタニア種は優雅で洗練された品種である。

イベリアの馬の妙技と優雅さは、闘牛場では非常に高く評価されている。収縮姿勢ができる素質のおかげで、一見職業ダンサーのようななれなれしい態度で、雄牛の攻撃を巧みにかわすことができる。

て、もはやかつてと同じ素質を求めなかった。スペインの騎手が自分たちの馬の華々しい振る舞い、つまり駈歩から停止、停止から駈歩発進、180°後肢旋回、当然のことながらスペイン常歩によってライバルを驚嘆させた大征服の時代は過ぎ去ったのだ。前肢を高く揚げ前に出すスペイン常歩は、かつては敵を驚かせたが、今日では大衆を魅了している。イベリアの馬は比類ない柔軟性を顕示するその身のこなしで、小競り合いや決闘で明らかに優位に立ったのである。しかし、騎馬闘牛の終焉と共にアンダルシア種とルシタニア種は顧みられなくなった。2者のあからさまなライバル関係は、自分たち2品種に大きな打撃を与えた。競馬や馬術競技のブームがヨーロッパに巻き起こり、サラブレッドと半血種が国際舞台を席巻することになる。

しかし、1925年、騎馬闘牛が再び姿を現した。駈歩での方向転換、小さな巻乗り、後肢旋回、急停止、急発進、これらすべてはイベリアの馬だけが雄牛を前にしてできるのである。闘牛場の限られた場所でこれに敢えて挑戦する勇気があるのはこの馬だけなのである。闘牛、それは粗暴な力を制圧する余裕と軽快性の神話である。

闘牛の原則によれば、馬がかみそりのように先の尖った雄牛の角とすれすれの高さでダッシュし、敢然と挑むことをやめない場合は別だが、そういうことがない限り、雄牛は絶対に馬に接触してこない。さらに、数世紀この

かた、選択されてきた騎馬闘牛の最良の馬は雄牛に対する感覚、つまりどのように身を処し、体重が1トン以上もある怪物とどのようにゲームを進めるかを先天的に心得ている。

アンダルシア種はよくできた馬である。そのしなやかさ、学習能力、優しさによって、古典高等馬術の寵児。映画に出演しても素晴らしい馬である。

芸術の馬 *Les artistes* | ソミュールのカードル・ノワール（*Le Cadre noir de Saumur*）[1]

戦争の技量と舞踏の技法

クールベット（下の写真参照）は、頑健な馬と非常に高い水準の技術をもつ騎手を必要とする高等馬術の1つである。

ウィーンのリピッツァ種とは異なり、ソミュールのバレリーナは特別な品種にこだわらない。サラブレッド、セルフランセ[2]やアングロ・アラブのいずれでもフランスで生産されていれば充分である。カードル・ノワールは、ウィーンのスペイン乗馬学校と違って、永続的な発展の中で最も厳格な古典主義に新技術を融合させることによって改革を容認する騎馬学校である。

1830年からのルイ・フィリップ（Louis-Philippe）[3]の時代に、カードル・ノワール[4]は生まれた。その名前はソミュール騎兵学校の教官の黒い服装に由来する。ソミュールでは、今もなお高等馬術（équitation académique）を教えている。これは調教する馬に、自由な状態で生まれつき馬がもっている物腰と運動の優雅さを取り戻させることを念頭に置いている。つまりバレリーナは平衡と活発さを実現できるように、馬体が柔軟になるのを目的とした運動課目を段階的にこなしていくのである。

伝統的な資質をもつカードル・ノワールが実践する"フランス流"馬術は、ロット将軍に負うところが大きい。彼は野戦の馬術と高等馬術を調整しながらフランス馬術の内容を充実させた。彼はソミュールの学校にそのスタイルとオリジナリティを与える多分野にわたる近代馬術の基礎を築いた。彼の能力は派手な運動の外観よりも、むしろ馬術を行う際の完全な軽快性、つまり騎手が馬に与える極めて静かな指示に現れている。

カードル・ノワールのショーは、各々12分の演技を2段階にわたり行われる。最初の演技は高等馬術である。騎乗し、あるいは騎乗しないで躍乗を行う。プログラムはクールベット（右の写真参照）、クルーパード[5]、カブリオール[6]である。躍乗馬によるこの演技は障碍飛越競技に必要な馬格に近いものをもつ筋骨逞しい馬が要求される。"躍乗"は、かつては鞍上の騎手の確固たる安定した姿勢を立証するものであった。その次の演技は"基本馬術"または"馬場馬術"と言われている。この運動自体は簡単で、隊を組んで行う。騎手は一糸乱れず馬を誘導し、運動全体を盛り上げる。基本馬術の馬は高等馬術の馬よりも一層繊細ですらりとしている。なぜならその演技はそれほど力を必要としないからである。

芸術の馬 *Les artistes* | ウィーンのスペイン乗馬学校（*L'école de Vienne*）

ウィーンのハプスブルク家（les Habsbourg）⁽¹⁾の大邸宅付属の馬房（繋蓄用）につながれたリピッツァ種の馬。

ワルツの国の花形バレリーナ

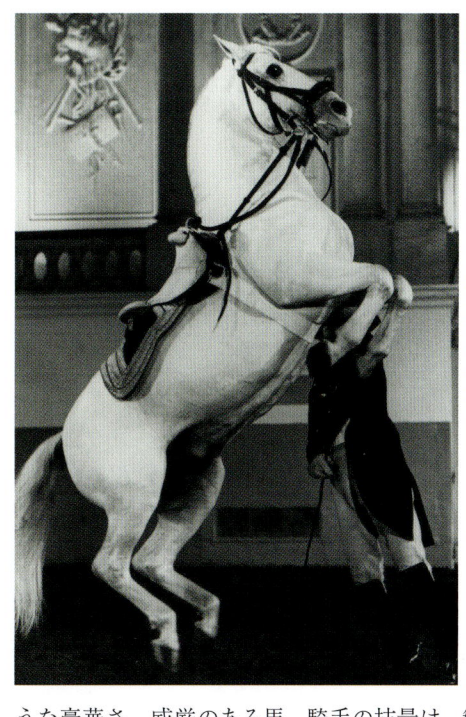

高等馬術の演技は、騎乗してもまた手で誘導しても実施できる。

ウィーンのスペイン乗馬学校の優雅なバレリーナは、1580年、オーストリアのカルル大公が大枚をはたいて手に入れたアンダルシア種が祖先であることは否定されない。貴重な取得物であり、誇りの証でもある。トリエステ⁽²⁾の近くのリピカの馬は、足が速く丈夫だと言われ有名であった。当時すでに、ローマ人が買いに来ていた。スロバキアの後背地の切り立った頂上とアドリア海に挟まれた中程度に高い山岳地域は並はずれた清々しい空気で有名である。そこにオーストリアの大公の貴重なアンダルシア種の馬が居着いていた。

リピカの石ころの多い生息地はリピッツァ種の性質を鍛え上げた。興奮しがちだが賢くて従順なこの馬は、成長は遅いが長命である。この品種は子孫をつくるのが早い。毎年秋になると種馬牧場の最良の雄の子馬約20頭が4歳で"母なる牧草地"を離れ、ウィーンに赴き花形バレリーナの道を習得する。

純白の種牡馬60頭が馬術芸術の殿堂でルネサンス期のスペイン、イタリア、フランスの馬術の大家の教育法を今なお守っている。オーストリアの一握りの秘訣に包み込まれた落着いた、劇的な効果のある馬それぞれの動作がウィーンのスペイン乗馬学校に華やかさすべてを与えている。細部に至るまでなおざりにしない。装飾はマニエリスム⁽³⁾にまで洗練され、ハプスブルク家繁栄の時代のオーストリア-ハンガリー宮廷の豪華絢爛さを直接受け継いでいる。ウィーンのスペイン乗馬学校は1572年に設立された世界で最も古い馬術学校である。長期にわたって脅威であったトルコを撃ち破った皇帝カルル6世は、1735年、騎馬槍試合と馬術公演を受け入れるための立派な覆馬場（55 m×18 m）を発注し、新たに学校の規模を大きくした。もっぱらパレード用に充てられたこの学校の宮殿のような豪華さ、威厳のある馬、騎手の技量は、繁栄する帝国の威光を際立たせている。

250年前から、真珠色の馬はワルツを踊っている。カドリーユやメヌエット用に編曲されたシュトラウスの曲やモーツァルトのソナタに合わせて、バレリーナは高等馬術の運動課目をすべて完璧に行う。横歩、クルーパード、ピアッフェ、クールベット、カブリオール、ルバード⁽⁴⁾である。馬と騎手はミリメートル刻みの精度の振り付けに合わせる。ヨーロッパの最も華麗な宮廷の遠い昔の豪華絢爛さの生き生きした光景を保存している。

Wien

芸術の馬
Les artistes｜騎馬劇団ジンガロ（*Le Théâtre équestre Zingaro*）

一頭の馬が劇団を命名するとき

ジンガロについてバルタバスは語る。"私はジンガロと一緒に生まれた。私の黒い馬が自分の名を我々にくれたのだ"。

首筋に見事な漆黒の巻き毛をもつジンガロは、親譲りの筋骨逞しい完璧な身体である。この"ジプシー"はベルギー生まれで、アリグルサーカスの創立から、その3年後のジンガロの名を冠する騎馬劇団の誕生まで、有名な座長演出のショーすべてで活躍した。ジンガロは、我々に大いなる夢を与えて有名になる前の"馬術振付師"バルタバスの最初の馬である。

バルタバスのショーが非常に感動的だと言われるのは、それがあたかも馬への愛情を込めた宗教的儀式のようだからである。芸術に関わる人間が自分の仲間に「馬は我々自身の振舞いや誤りを映し出す鏡である。馬は我々の内面を見ており、我々の活力と機嫌を感じとる。馬術家は知性と本能を合わせもつ」と語りかけるとき、その人は詩人になり、哲学者になる。

バルタバスは、自分は完全な独修者だと断言する。たとえ色々な学習の場で競馬、サーカス、闘牛術を学んでも、その各々で、ほとんど精神的な真の芸術的探求、つまり自分の馬術演出の独創性を作り上げる手がかりを見つけたのだと。バルタバスは神経質な人である。彼は直感的に事を運ぶ。彼の非常に優れた長所は、人間の目ではなかなか見極められるものではないが、馬の内面的な汲み尽くせない美しさをより上手に表現するために馬との間で会話ができることである。ジンガロが出演して以来、ショーの中核をなす思想は、常に人間と馬との関係に置かれている。テーマは単にきっかけに過ぎない。

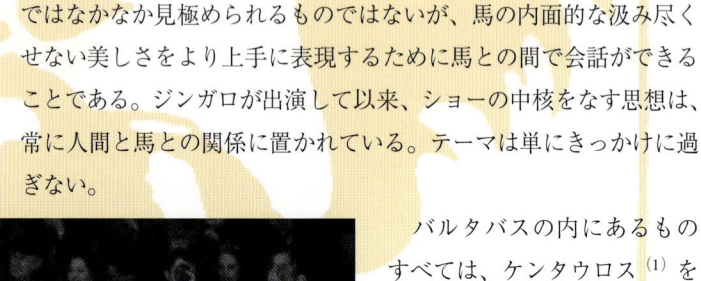

バルタバスの内にあるものすべては、ケンタウロス[1]を連想させる。彼は自分の初舞台ではギリシャ神話の人間のように粗野で荒々しかったが、ガリバー旅行記中のやさしいフーイヌム族[2]に似ている馬と日々触れ合ううちに穏やかな性格になってきた。今日のバルタバスは相変わらずケンタウロスだが、賢者ケイロン[3]に似てきた。

ジンガロとバルタバスは互いに似ている。双方とも生まれながらの舞台芸術家になるように運命付けられてはいなかった。どちらも身体に深い哀愁を感じさせる。一方は黒いビロードの毛並みに哀感を漂わせ、他方は燃えるような不可思議なまなざしの奥に裏悲しい想いを秘めている。彼らは練習をする必要がないほどよく理解し合っているので、即興の演技をする見事な余裕を見せる。両者間の暗黙の了解は、ジンガロが自分自身立役者となるショーでは、しばしば舞台の主導権を握

東洋の夢のような魅惑的な雰囲気の中で、シメール⁽⁴⁾のショーに出演するインド人の騎手は蜃気楼のように現れる。

エクリプス⁽⁵⁾のショーではケンタウロスになり切るバルタバスは黒白の詩を演じる。

るほどである。彼らのデビューの舞台では、バルタバスはジンガロに重要な役を割り振り、観客を前にして倒れさせた。観客は驚いたが大喜びであった。数年後、光と影を演ずる騎馬オペラ、エクリプスの終幕で、ライトで照らし出された円形舞台の真ん中でジンガロが1頭だけで座り込む。白い真珠色の宝石箱の中にある黒い宝石、黒曜石のジンガロは微動だにせず、拍手喝采がわき起こるのを待つ。その瞬、間尊大で傲慢、初舞台のもり立て役の牡馬は、宝飾品デザイナーの精密さで光が彫る計り知れない神秘性をもつ馬の王様になったのだ。ジンガロはそれ以来、自分に与えられる賛辞を冷静に受けとめるようになる。ジンガロとバルタバス、馬と人とが同じオクターブで振動する。

1984年バルタバスがジンガロを買ってからは、ショーでは誰も、座長でさえこの馬に乗ることはなかった。が、ジンガロはいつも何ひとつ身に付けずつやつやした自然のままの美しさに包まれて舞台に立つ。しかし、この馬が働き続けた15年の間、騎馬演劇の象徴だったとすれば、劇団の内容は他のおよそ30頭の馬の芸術家たちが充実させたのである。この頚のカールは全部で19品種におよぶ29頭の馬房仲間のためにある。極めて洗練されたアラブ純血種から堂々たるペルシュロンまで、荒々しいアハル・テケから優雅なアンダルシア種まで、何れも自分が経験を積んだ芸術家であることを披露する。これらは素晴らしい役者で、当代の魔力によって魅了された大衆の最高の幸福のために優雅さと技術を競い合う。

ジンガロは17歳で舞台を永久に去った。1998年の10月のある夜、ニューヨークで、エクリプスの上演の際、フィナーレで紙ふぶきの雪にくるまることができなかった。疼痛で苦しんだ。12月のある朝、治療や手術など手を尽くしたにもかかわらず、故郷から遠く離れ、友からも引き離されて不帰の旅立ちとなった。が、ジンガロは永遠に演劇魂を残し、その名は時空を超えて広まっている。

97

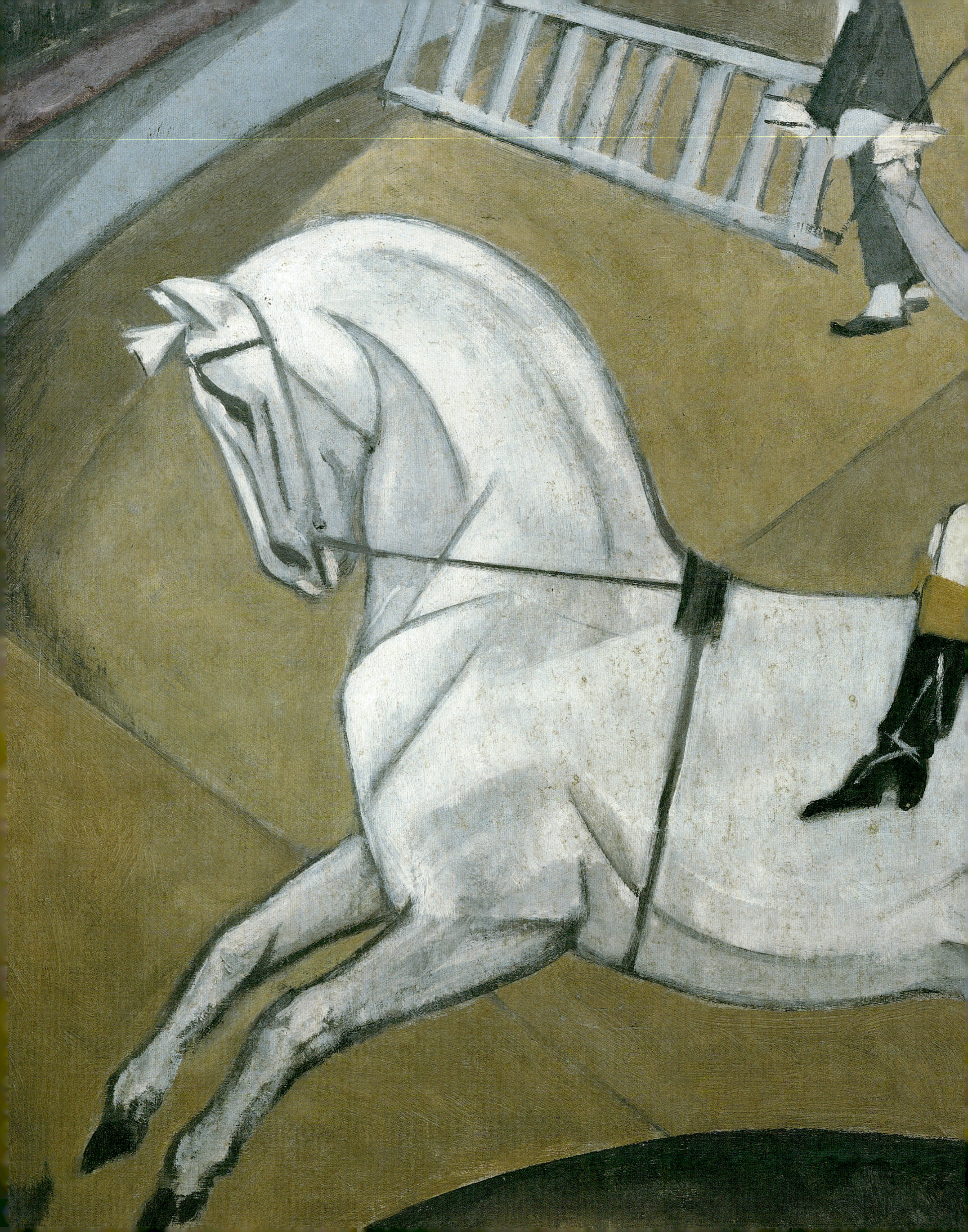

Chevaux de rêve

伝説と逸品
Mythes et merveilles | 白馬（*Le cheval blanc*）

全世界的に共通する信仰

軍神、古代ローマの戦争の神。ベロッキョ（Verrocchio）[1]の弟子でラファエロ（Raphael）[2]の師ペルジーノ（Perugin）[3]が1496年と1500年の間に描く。

白馬の神話は世界的に知られている。神話を信仰に結びつけるヒンズー教を初めとするすべての宗教に現れる。かつてインドでは王国の繁栄を確固たるものにするために白馬を生贄として神に捧げた。その儀式は一定の慣わしのもとに執り行われた。それはもちろん皇太子の養育にも影響を及ぼした。王国の最も美しい白い軍馬が北東の方角に向けて放たれる。それに続き、皇太子と側近の若い兵士数人が1年間その白馬のあとを何処までもついていく任務を負うのだ。彼らは白馬のなすがままにさせるが、ときに多少のいざこざがあれば、白馬を保護し、交尾だけはしないように配慮しなければならない。白馬は、太陽の化身ゆえ、その歩いた道程は神聖であり、通過した土地は生贄を神に献じた君主に必然的に所属することになる。馬が兵士らに誘導されて出発地点に戻ったときに、儀式の終わりを告げる鐘がなる。この太陽の儀式はしばしば治世の終わりに、君主の嫡子に自分の栄光を伝えることを目的として後継者と共に行われた。妻たちは多産と盛運を王国に誓うためにその席に列した。今日なお、白毛の種牡馬はインドの多くの王族の祖先とされており、村民らが自分たちの土地を肥沃にして頂きたいとお願いする崇拝の的でもある。太陽と肥沃に結びつけられた白馬は、ギリシャ人やローマ人の間にもあった（マルス）[4]。軍神アレス[5]は、4頭の清廉の象徴である白馬に引かれた戦車に乗って朝日を先導するという。

紀元前6世紀、ペルシア人も白馬に重要な宗教的役割を与えた。キリキア[6]の住民は、年間を通じて1日につき白馬1頭をペルシアの王に捧げなければならなかった。なぜなら王は光の神であり、牧草地の支配者ミトラ（Mithra）の化身であったから。彼はアンブロシア[7]を与えられ、金色に輝く不死の白馬の駿馬4頭に引かれた戦車を御する。そのため白馬らはその信仰に生贄として捧げられたのである。

遙か彼方のアジアでは、元王朝の創建者、最初の中国皇帝、チンギス・ハンの孫フビライ・ハンの白馬の牝馬が崇拝された。北京にあったフビライの宮廷で催された春の白馬祭りの際、ハンの側近は純白の牝馬と種牡馬1000頭を集めた。これらの牝馬が国の各地を通過すると

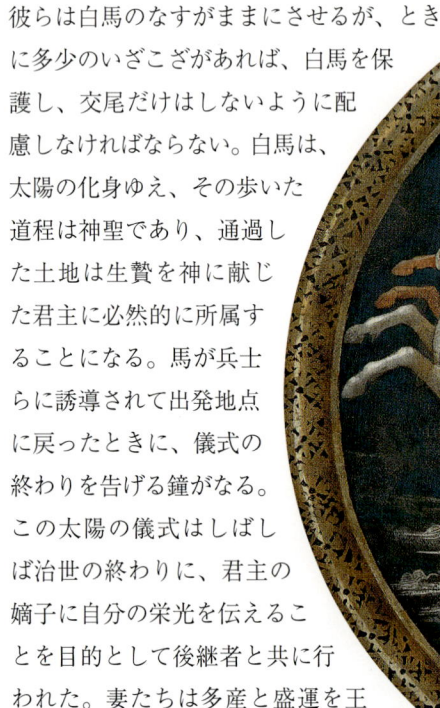

100

軍神の戦車と恋人達。
初期ローマ帝国 [8] の
祭壇の浅浮彫り。

きには、誰も、最も権勢を誇る領主でさえも敢えてその行く手を遮らなかった。それどころか、これらの馬が暴れ出す危険を避けるため、行程が半日遅れても遠回りした。馬に近づくものは誰であろうと涜聖者と見なされたのだ。神により選ばれた"神の子"とその近親者のみが聖なる牝馬の乳を飲むことができた。

紀元前500年、他の地方、つまり西ヨーロッパに住んでいたケルト人も同じく馬を崇拝していた。馬が死んでも決してそれを食べることはなく、また野原に捨て置き腐肉にたかる動物の餌食にはしないで丁寧に埋葬した。白馬は聖なる動物で、特に牝馬は豊かさの象徴であった。首領は人民に繁栄をもたらすために白馬の牝馬を連れて豊饒の祭りに参列した。この時代の1頭の大きい白馬のシルエットがイギリス南部のウフィングトン（Uffington）の崖の石灰質の岩石に彫られている。それは未だに考古学上の謎である。なぜなら、その製作対象は、空から見なければ全景が把握できないからである。ヨーロッパでは馬崇拝は遅まきながら続いていた。つまり北仏では、ノルマンディー地方開発の黎明期に白馬はなお神として崇拝され、豊饒のシンボルであり、宗教的儀式には、白馬1頭が生贄として捧げられていた。

特に中世には、文学がこれらの信仰を取り入れた。やがて伝説は豊富になり、白馬に他に勝る役割を与えたのである。白馬の伝説はその総括として文化の合流点に立っているのだ。

狩りをするフビライ・ハン [9]、彼のハヤブサとチーター。
マルコポーロの東方見聞録抜粋

伝説と逸品
Mythes et merveilles | 一角獣（*La licorne*）

神秘的で孤独

今日、一角獣は魔力をもつねじれた一本の角を額の真ん中にそなえた白い清廉な伝説的牝馬だと決まりごとのように想像されている。天に向かって立っているこの角は権力ないし豊かさの象徴であり、角が守るべき正しいものとして決断を下す。しかしながら、伝説の源は遠い昔にあり、この動物は現在知られている姿になるまでには色々な変遷を経てきたのである。

西洋では、一角獣の神話は中世においてひろがった。当初、この奇妙な創造物はユニコーン（unicorne）と名付けられた雄であった。聖書は、このことにさりげなく触れている。また、タルムード[1]によれば、ノアの洪水の際、あまりに巨大すぎて箱船に乗せられなかったこの動物は、箱船の外側につながれたとされている。それで大洪水から救われたのである。

中世における最初の物語が、この動物に現代と概ね変わることのない性格を与えた。つまり、一角獣は孤独を好む動物で、角があるため危険で捕獲できない。この動物は堕落した人間を警戒する。ただし、若い清廉な処女のみが自身の香りでこの動物を惹きつけて飼い慣らすことができる。この動物は自分の行く手で漂うその香りに気付けば、女性の胸に頭を預ける。狩人がそれを捕えて、角を欲しがる王様のもとに届けられるのはそのときをおいて他にない。キリスト教の象徴的体系にこの動物が組み込まれていると考えれば、一角獣の中に、人間の強欲によ

タペストリー：一角獣と向かい合う婦人、目で見る寓意を描くパネルのディテル。15世紀。

102

グスタブ・モロー（Gustave Moreau）[5]の絵、19世紀。これらの一角獣はヴォルテール（Voltaire）[6]が描いたものよりも恐ろしくない。"この世で最も美しい、最も優しい、最も誇り高い、最も恐ろしい動物"。

って卑劣なやり方で死に追い込まれたキリストのイメージが読みとれる。

13世紀以降、人々は宗教的解釈から遠ざかる。宮廷風恋愛文学は、一角獣を恋の罠の隠喩にした。つまり、一角獣は貞淑で近づきにくいか弱い女性の魅力のために力が萎えていく情夫を演ずることになるのだ。次の世紀になると神話はさらに姿を変える。一角獣は白くまた背丈が小さくなり、ヤギの頭をもち、ヤギ髭を蓄える。これで馬に1歩近づく。それ以後、一角獣は女性になり、自分が同行する婦人の女らしさを象徴する。クリュニー中世美術館[2]に保存されている「婦人に付き添う一角獣」の綴れ織りのタペストリー6枚は、それを忠実に描写している。

一角獣の大きな神秘性は、それが実在したと信じられていたことに原因がある。誰もこの伝説の動物を見たことがないのに、ヨーロッパの王侯の宮廷すべてで"一角獣の角"を見ることができた。それらの価値は金の11倍であったという。その正体は、北極海のイッカク[3]の歯であった。イッカクの雄は、長さ約2mのねじれた牙をもっている。そもそも堂々たる荒馬がこのような角をもち得るのか？それは、架空の話だからである—それよりも論題は伝説を守っていくことであろう。

東洋では中国やインドと同様、シュメール文明[4]でも、一角獣の形跡が見られる。やはり一角獣は力と富の象徴で、これが現れることは常に良い前兆であった。中国では一角獣は4種類ある縁起の良い動物の1つである。この動物は素晴らしい皇帝や偉大な賢人が生まれるときに現れる。罪人を自分の角で打ち倒し、国王の正義を助け、干ばつのときには雨を降らせるとされた。インドでは、身分の高い人物が毒に対して免疫をもつように角で作ったコップで酒を飲んだ。ペルシャでは、一角獣は大海原に生息する3本足のロバの姿をしており、不正と戦う。ほんの少しの身じろぎでも宇宙的影響を及ぼすとされた。ペルシャ人はその糞便が灰色の琥珀（アンバーグリース；香料の一種）になると考えていた。実際は、マッコウクジラの腸から排出される。この大量のアンバーグリースの原料は、海上に浮遊しているのが見られる。これはまた、海のイッカクを寄せ付けるのだ。いずれにしても、アジアの一角獣はヨーロッパの宮廷を魅了する一角獣の祖先とは違った祖先をもっているらしい。もちろんそれら創造物の秘密はヒマラヤの高地にも伝わった。その結果、その秘密は、鉄と火でアンゴラヤギのねじれた角を接合すること偽物作りを意味する。オリエントと西洋の2つの伝説的純血種の牝馬が、比類のない普遍的な神話の中で凝集されているのだ。

伝説と逸品
Mythes et merveilles | ペガソス (Pégase)

天空を駆けめぐる有翼の駿馬

戦利品を踏みつけるペガソスに乗るメルクリウス (Mercure)[1]。アントワンヌ・コアズヴォクス (Antoine Coyzevox)[2] の彫刻。推定制作年：1702年

神ポセイドン (Poseidon)[3] とゴルゴン・メドゥーサ (Gorgone Meduse) から生まれた疲れを知らない有翼の駿馬ペガソスは、突風のように大空を飛んでいくと伝説は確言している。さて、ゴルゴン三姉妹の中でメドゥーサだけが死ぬ運命にあった。が、彼女は魔力、すなわち自分を見つめたものを石に変える力をもっていた。ヘルメス (Hermès) とアテナ (Athéna) に助けられたペルセウス (Persée)[4] はメドゥーサに挑戦しにやって来る。彼は、自分の盾の陰からメドゥーサの影以外には何も見なかったので、彼女の魔力の犠牲にならずに彼女の首を切ることができた。そして、それを直ちにアテナに献上した。アテナはその首を自分の盾に飾り付けた。その瞬間、ペガソスは首を切られたメドゥーサの血が流れ出る傷口から怪物クリュサオル (Chrysaor)[5] と一緒に生まれたのだ。これがこの堂々たる有翼の神馬の誠に異常な誕生である！

ペガソスの名前はときどきギリシャ語で"泉"を意味するpégéと同一視される。なぜなら、ペガソスはヘリコン山[6] の川の神の娘アガニッペー (Aganippe) を蹄で叩き、泉に変身させたからである。その水は、それを飲んだ者を詩人に変身させる力をもっている。このようにしてアガニッペーは、詩的インスピレーションの泉、詩の女神、

ペガサスにまたがるベレロフォンの永遠に輝く霊感は偉大な芸術家の心を奪い立たせた。
左側の絵：
　ルーベンス（Rubens）はキマイラを打ちのめすベレロフォンを描く。
右側の絵：
　コクトー（Cocteau）はオリンポスの神々のもとに昇天するベレロフォンに取り組む。

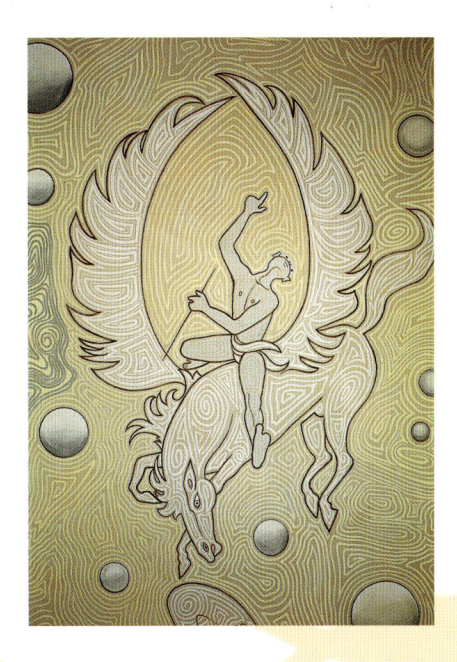

聖なる泉となり、ヒッポクレネ"馬の泉"を名乗ったのである。

ペガソスを捕らえることは不可能だとされている。しかしながらコリントの王子ベレロフォン（Bellérophon）(7)は、ポセイドンからの贈り物としてペガソスを受けとった。占い師ポリドス（Polyidos）の助言に従って、ベレロフォンはギリシャの女神アテナの寺院で一夜を過ごす。この女神は有翼の天馬の誕生を助けたゼウス（Zeus）(8)の娘で、思索、芸術、学問、産業の神である。女神は、眠りの中で、ペガソスを手に入れることのできる金の頭絡をもっているベレロフォンをおぼろげながら見る。ベレロフォンは目を覚ますとこの頭絡を見つけ、天馬を捕まえ、手なずける。こうしてペガソスはベレロフォンにとって非常に貴重な存在になった。この馬のおかげで、この英雄はリュキア(9)を荒し回るキマイラ（Chimère）(10)に矢を貫通させて射殺することができたのだ。

しかしベレロフォンは自分の傲慢さが原因で陥れられることになる。神々と同じ特権を享受し、神々と肩を並べることを望んだ彼は、自分の有翼の馬に乗り天上に行こうと試みる。激怒したゼウスは、1匹のアブがペガソスを刺すように仕向ける。驚いたペガソスは騎手を振り落とす。この落馬で彼は回復することがかなわない不具の体となってしまう。聖なる馬は、オリンピアの馬小屋に逃げ場を見つけるが、そこでゼウスに雷電の運び役になるようにと命ぜられる。ペガソスの昇天を詳しく述べる説話はたくさんある。その中の1つによると、ペガソスは曙の女神エオス（Eos）に仕えたという。それ以来、夜明けの空を駆け回っているとされる。神話は色々手直しされるが、そのすべてにおいてペガソスは1つの星座になるのである。

ペガソス自身は、ギリシャ神話に所属しているとしても、天空の駿馬の神話は、幾多の文明の中に変わることのない特徴、つまり翼をもった馬として現れる。例にもれず、古代中国においても空飛ぶ駿馬が見られる。紀元前2世紀における漢王朝以来、西洋から来て勇敢な兵士によって捕らえられた天馬について語られているのだ。次の世紀には、肢を少しも曲げずにツバメの上に立つ有翼馬が現れる。アラブの国々では、預言者自身が愛馬として有翼の牝馬をもっている。また、アメリカでは、ナバホ族(11)が、天馬を呼び寄せるための不思議な歌を伝えている。

人間の想像の世界は、乗馬の喜びがもたらす強い自由の意識を、祖先伝来の夢、つまり飛び立って天まで昇る夢に結びつけた。科学技術がこの熱烈な欲望を満足させることを可能にする前に、神話は自分たちの文明の教義と基本的な信条を継ぎ足して、空白を埋めることができたのだ。ベレロフォンがイカロス（Icare）(12)同様、自分の慢心のため罰せられるとしても、ペガソスは逆に聖なる方に向かって精神的昇華を具現化することができる。言うまでもなく、ペガソスは清廉を象徴する色、白い馬である。この馬は知識との幸運なつながりをもっているのだ。なぜならメドゥーサの切られた頭、つまり知性の中心から生まれたからである。要するに人間を夢の世界に送り込むことのできる魂を呼ぶ強い力をもっている馬である。

伝説と逸品
Mythes et merveilles | ケンタウロス族
（Les Centaures）

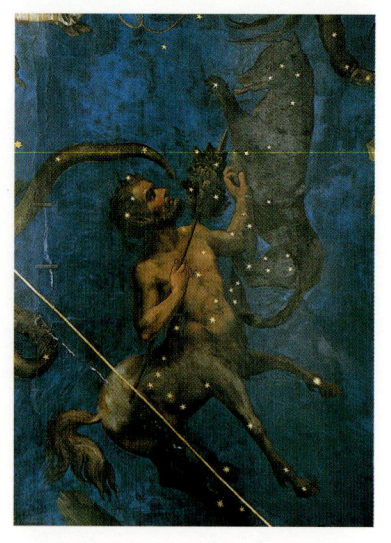

半人半馬

ケイロン（Chiron）[1] は、ヘラクレス（Héraclès）[2] に致命傷を負わされ、射手座になった（コスタ・ロレンゾ（Costa Lorenzo）1579年）。

ケンタウロス族は伝説上の怪物、すなわち上半身のへそまで人間で残りは馬である。喧嘩好きで享楽的、この種族の特色は野蛮で酒好き、淫蕩である。ケンタウロス族が存在するのはイクシオン（Ixion）[3] の好色が原因である。改悛した殺人者イクシオン王は、ゼウスとヘラ[4] の食事に招かれた。彼は彼女を魅惑しようと努める。そこで、ゼウスはそのとき女神に似せた雲をつくる。イクシオンは、その雲で自分の欲望を満たすのである。ケンタウロス族の父祖ケンタウロ（Centauros）は、そこから生まれた。ケンタウロはテッサリア[5] にあるペリオン山の牝馬と交わり、この地が古代ギリシャの最初の馬産地となる。

ヒッポダメイア（Hippodamie）とラピテス族の王ペイリトオス（Pirithoos）の結婚式で、酒に酔ったケンタウロは、新婦を誘拐しようと企てる。その結果、熾烈な戦いとなり、無敵ヘラクレスがこれに加わる。彼は並はずれた駿足の愛馬アレイオン（Aréion）を駆って、とうとうケンタウロス族を破滅に陥れた。伝説によれば、テッサリアのアニグロ河は極めて透明で有名だったが、ケンタウロス族がこの河で傷口を洗浄して以来水が濁ったという。

ケンタウロス族のある者が他者よりもよく知られているとすれば、それはケイロンでケンタウロス全体の中で最も有名である。彼は他のケンタウロスとは同じ出身ではない。彼はクロノス（Cronos）[6] とヒリュラ（Phillira）の子である。クロノスは自分の姉妹と妻レアの監視の目を逃れるために、種牡馬の姿になりヒリュラと関係をもったのだ。さて、ケイロンはアルテミス（Artemis）[7] のもとで若いときから薬草について学んでいた。また、天体の仕組みにも通じていた。そして人々に法の実務、神への崇拝、誓いの不可侵性を教えた。特にアキレウス（Achille）は、彼の弟子の中の1人であった。

芸術家であり、学者のケイロンは、竪琴を非常に上手く奏でるので、その音色のおかげで病人が快復するほどであった。ゼウスは彼の善行の褒賞として不死の超能力を与えた。ヘラクレスがケンタウロス族に挑んだ戦いで、ケイロンはヘラクレスの射た矢を受けたが、これは決め手にならなかった。やがて英雄の矢は、レルナのヒュドラ[8] の血に浸され、不治の傷を引き起こした。痛みで狂わんばかりのケイロンは不死身性を取り戻させて欲しいとゼウスに懇願した。哀れに思った神はこの願いを聞き入れる。そしてケンタウロス族の賢明なケイロンの思い出として彼に似せて星座を創ったのだ。こうして射手座は以後、古代ギリシャの人-馬の記憶を永遠のものとした。

好色な神ケンタウロスはジェリコー（Géricault：ロマン主義の画家）が描く左の絵のように、簡単にニンフを誘拐し自分たちの欲望を満たす。

106

伝説と逸品
Mythes et merveilles | バリオスとグザントス（*Balios et Xanthos*）

弟子アキレウス（Achille）に馬術を教えるケンタウロス族のケイロン。

ギリシャの半神に仕える二頭の不死身の馬

包囲された町の城壁のそばでトロイアの王子ヘクトル（Hector）の遺体を引くアキレウス。

これらはホメロス（Homère）の有名な物語イリアス[1]の中のギリシャの英雄の1人アキレウスの2頭の馬である。トロイア戦争のとき、バリオスとグザントスはアキレウスの戦車を引いて、罠や伏兵を避けながら彼を戦場に導いた。

これら2頭は、それぞれ固有の優れた性質をもっている。バリオスはゼフュロス（Zéphyr；西風の神）とハルピュイア（Harpie）[2]から生まれた。このことから、この馬は迅速に走れるのである。その毛色にちなんだ名前はギリシャ語の"斑点"を意味する。一方グザントスは、女神ヘラ（Héra）（ポセイドンとデメテルの姉妹で、馬に対して親密な愛着の念をもっている）から弁舌の才を受け継いでいる。自分の主人に「あなたの目的達成は近い」と告げるのは、この馬である。驚いたことにアキレウスの不倶戴天の敵トロイアの英雄ヘクトル（Hector）の馬にグザントスという同名の馬がいる。アキレウスは都市の攻囲戦でヘクトルを倒す。しかし、似通っているのはここまでである。歴史はヘクトルの馬が話せたかどうかを明確にしていない。

バリオスとグザントスは、アキレウスに従う前にポセイドンに仕えていた。そして包囲されたトロイアの壁の前でアキレウスが死ぬと、名前が"若き戦士"を意味する息子のネオプトレモス（Néoptolème）[3]の手に渡る。

アキレウスがそれほどバリオスとグザントスに愛着をもったのは、これらの馬に囲まれて日々を送ったからだ。彼は海の女神ティス（Thétis）とこれらの馬のギリシャの故郷テッサリアのフティアの王ペレウス（Pélée）の子である。幼年期中、彼を不死身にするために、母が昼間には彼の身体にアンブロシアの油を塗り、夜には消炭ですっかり覆った後、冥界の川ステュクスの流れの中に浸けた。だが、母がアキレウスを掴んだ箇所、踵を沈めるのを忘れたので、そこは傷つきやすいままとなった。トロイアの王子が魔法の矢で彼を殺すことができたのはこの"弱点"のおかげである。母親の手から取り上げられた子供アキレウスは、ケンタウロスのケイロンの庇護のもとに置かれた。ケイロンは聡明で学識があり、彼に戦術や医術を教えた。また、彼は競馬も教わり、世界で一番速い男となった。"駿足"のアキレウスと人は呼んだ。

自分の馬と同様に、アキレウスは情熱においても、怨念においても全く素早くかつ激しかった。つまり美男子で勇敢、ことのほか怒りっぽいのである。英雄として以上に、彼は半神と見なされて、ギリシャ全土で崇拝された。アレクサンドロス大王でさえアキレウスの母方の子孫だと自己紹介していた。

伝説と逸品
Mythes et merveilles | トロイアの馬 (*Le cheval de Troie*)

オデュッセウス[1]の
巧妙な策略

10年来、トロイアを無為に包囲していることに飽き飽きしたギリシャ人は、策略でこの町を占領することを決意した。しかし、トロイアの外壁がなかなか崩れ落ちないので、町の内部に入り込み、内側から町を陥落させる必要があった。そんなとき、ギリシャ人の中で一番利口なオデュッセウス（Ulysse）は、宗教上の寄進[2]として、価値のある巨大な木馬の建造を思いついた。ところで、集り取囲むトロイア人に木馬を渡す前に、難攻不落の都市に侵入しなければならないので、最も勇敢なギリシャの兵士がその中に隠れた。建築家エペイオス（Epeios）の進言に従い、ギリシャ人は伏兵隊を編成。アキレウスの息子ネオプトレモス、スパルタ王で妻を奪われたことがトロイア戦争の発端となったメネラオス（Ménélas）、イタケーの策謀家で王のオデュッセウス、国外追放から戻ったばかりで、命中すると不治の傷となるヘラクレスの聖なる矢をもっているフィロクテテス（Philoctete）[3]が、他の戦士と共に木馬に入る。残りの兵士たちは退去を装い、船でテネドス[4]に近い島に行き、海岸に巨大な木馬だけを置く。策略を完全に成功させるため、トロイア人の名もない若者シノン（Sinon）がその下に隠れた。

トロイア人は要塞の上から、誰もいない野営地や、水平線に向かって遠ざかっていくギリシャの船を見届ける。海岸に駆け下りた彼らは大きな木馬の前で、驚きのあまり立ち止まる。ある者はこれを不吉なものだとして海に投げ捨てようとし、他の者は聖なる戦利品だからと町の中に運び込もうとする。アポロンの神官ラオコーン（Laocoon）は、同胞に警戒しろと呼びかけた。"これはオデュッセウスのはかりごとの代物だ。この動物の腹の中には危険が潜んでいるか、さもなくば新しい武器に違いない。各々方、ご用心を！"。

そのとき、シノンは、隠れ場所から引き出され、プリアモス（Priam）[5]の前に連れてこられた。彼は、恐怖のあまり身振り手振りを交え、トロイアの大王に次のように語った。「ギリシャ人は撤退することにしました。でも、神の御告げによれば、もし彼らが生贄として彼らのうちの1人を捧げれば、近い将来、彼らはトロイアの征服者となるそうです。馬は神聖なものです。女神アテナの寵愛を得るために作られたのですから。だから、これを所有する者が征服者になれるのです。彼らは、トロイア人が自分たちの町にこれを入れることができないようにと、特に大きく作ったのです」と。また、「神は、この聖なる馬を破壊するものは罰せられます」とも予言した。

ラオコーンは2人の息子に手伝わせて、木馬の謎への対処

ギリシャ人の中で最も巧妙なオデュッセウスは奸計の発案者である。

木馬の中に潜んでいる戦士らは、夜になると外に出て、ギリシャ軍をトロイアの町に導く。軍隊はそこで略奪の限りを尽くす。

方法を探し求め、ポセイドンの神に雄牛を捧げる準備をしているとき、波間から2頭の巨大な赤毛の生えた竜が突然現れ、火を吹き、この3人を殺してしまう。トロイア人は、それを神々の御告げと思い、この木馬を自分たちの町の方にもってくる。

そうして、彼ら自身で、城壁に大きな割れ目を作り、自分たちが神聖なものと信じた木馬を通し、町に導き入れた。彼らは戦勝を祝い、夜通し、はめをはずして飲めや唄えの大騒ぎ。この酒盛りに乗じて、木馬の腹の下に潜んでいたシノンは自分の味方を外に導き出し、たいまつに火を付けて、ギリシャ船に戻ってくるようにと合図をする。

殺戮が始まった。ギリシャ軍兵士は町の通りに押し寄せて、火をつけ、殺傷、暴行、略奪など、荒し回り、血と復讐に酔いしれる。

夜が明けるとトロイアは壊滅していた。大半のトロイア人は打ちのめされ、生き残ったものは奴隷になった。ヘレネ（Hélène）[6]は、自分の年老いた最初の夫メネラオス（Ménélas）に再会した。トロイアの汚された土地には、もう1つの死が待ち受ける。それはポリュクセネ（Polyxène）[7]の死である。プリアモスの末娘で、母ヘカベ（Hécube）と後に奴隷となって連れ去られる姉カッサンドラ（Cassandre）の面前で自殺した。ギリシャ人は、勝利者として祖国に帰還する。しかし、女神アテナは自分が背かれたと感じる。カッサンドラはアテナの最も優れた女祭司であったから。女神は海上に恐ろしい台風とハリケーンを起こしたので多くのギリシャ船が沈没する。トロイアの馬はギリシャ人の勝利を確実にしたが、彼らの安全を保障しなかった。戦争は終わったとしても、ギリシャに帰還する冒険は始まったばかりである。

トロイア軍は難攻不落の城塞の城壁の一角を崩して木馬を導き入れる。

109

伝説と逸品
Mythes et merveilles | ポセイドン (*Poséidon*)

海と馬の神

自分の妻アンフィトリテ (Amphitrite)[1] を伴い、海藻と泡の毛色の馬に引かせた戦車に乗るポセイドン（ローマ神話のネプチューン）。3世紀のローマのモザイク。

Ποσειδων

ギリシャ神話では、馬と神は密接に混在している。太陽神ヘリオス (Hélios) は、毎朝有翼の馬4頭に引かせた戦車に乗り海上に現れる。軍神アレス (Arès)[2] は、自分用に白馬4頭が引く戦車をもち、ヘリオスを先導する。しかし、馬に最も深い関係をもつ神はポセイドンであることは、疑う余地はない。海と地震の神である彼は、海底に住んでいる。彼は自分の宮殿から外出するときは海藻と泡の毛色で金色のたてがみをもつ馬に引かせた戦車に乗る。ポセイドンは馬の創造主であり、世界の馬すべての化身でもある。彼は頻繁に自分が最も気に入った英雄に馬を贈っている。さらに彼は、時には、ヒッピオス (Hippios)、つまり"馬の領袖"の名をもつ。特にギリシャ神話のケンタウロスの生誕の地、古代ギリシャにおける主要な馬産地のテッサリアでは、熱心に彼を礼拝している。そこでは時折、海難慰霊祭で白馬が生贄として捧げられる。ポセイドンの恵みを招き寄せるために、きわめて高価な馬が彼に献上されるのだ。冬の終わりになると、ロードス島[3] では火炎戦車を引く白馬が太陽の活動力に再び勢いをつけるため、海の方へと駆り立てられる。

アンフィトリテと結婚しているポセイドンは、ギリシャ全土では、とりわけメドゥーサとの恋愛事件で有名である。メドゥーサは彼と結ばれた後、ペガソスとクリュサオルを生む。しかし、最も有名なのは、ポセイドンとデメテル (Déméter) との恋の冒険である。2人は兄妹の間柄で、クロノスとレアの子供である。クロノスとレアも同じ両親から生まれている。デメテルは女性、結婚、および農業のギリシャの女神であるにもかかわらず、常に青毛の牝馬の容貌で表現されている。その神殿の女祭司達は、"若駒"[4] と呼ばれている。デメテルはしつこく付きまとってくるポセイドンから逃れるために、ある日牝馬に変身することにする。この企みを知ったポセイドンは、自分自身種牡馬に変身する。それで両者は駿馬アレイオン (Areion) をもうける。この馬はヘラクレス、ついでアドラストス (Adrastos)[5] の馬となる。対テーベ戦役[6] で、アレイオンはアドラストスを救う。それ以後、ポセイドンとデメテルは、もっぱら馬に捧げられた愛情によって結ばれることになる。

三叉の矛を手に、ポセイドンは海を支配する。彼はまた"馬の領袖"でもある。2世紀のローマのモザイク。

伝説と逸品
Mythes et merveilles | スレプニル (Sleipnir)

オーディン (Odin)⁽¹⁾ の駿馬の8本肢は永久に運動するような印象を与える。

スカンジナビアの神の忠実な駿馬

スレプニルはオーディンの魔法の馬で、バイキングにとっては地球の創造主である。この馬は8本の肢をもち地上、海面さらに空中を駆歩で移動した。ある日、牝馬に変身して神ロキ (Loki)⁽²⁾ がもうけた息子である。ロキには別に狼フェンリル (Fenrir)⁽³⁾ という子がいる。伝説では、この狼がオーディンを殺害した。

オーディンは神々の住まいアスガルド⁽⁴⁾ の支配者である。彼の名前は"情熱"と"学識"を意味する。彼は高齢で賢いが片目である。唯一の目は悪魔の支配力に目を光らせている。失った方の目は、巨人ミム (Mime) が番をしている英知の泉の水を飲む権利を手に入れるための代償として、彼に与えた。オーディンは宇宙の森羅万象を支えている木ユグドラシル⁽⁵⁾ を削って作った槍で武装している。この聖なる木の名前は"オーディンの馬"を意味する。もともと、ユグドランルは、馬のような姿形をしていて、中心的な神として崇められていた。

オーディンは、勇敢でしかも宇宙で一番速く走る自分の駿馬スレプニルに乗っていつも移動する。彼には2頭の狼フレキとゲリ、2羽の鳥ユージン（思索）とミュニン（記憶）が付き添う。彼らは世界中で起こっていることをオーディンに報告するのだ。

オーディンは、他の神々すべてに馬を与える。彼は"黒人女性"ノット (Nott) とその息子で白人のダグル (Dagr) に毎日交代で彼らの馬に乗り世界を回り歩くことを命じる。女神ノットはリムファクシ (Hrifaxi) に乗る。この馬の霜降りのたてがみは夜をもたらす。その馬銜から滴り落ちる泡は、毎朝、露をもたらす。一方、神ダグルは愛馬スキンファクシ (Skinfaxi) をもっている。光輝くたてがみは太陽の光の中にすべてを包み込み、天空と地上を照らす。また、オーディンは2頭の馬アルバクル (Arvakr) とアルスヴィドル (Alsvidr) を太陽の女神ソル (Sol) に与える。彼女の戦車を引き、火の世界から漏れてくる輝きで天地万物を照らせるようにするためである。2頭の駿馬は、自分らの肩の下に冷風器をもっていて、それらの光を冷やす。

スレプニルは、ギリシャ神話の馬とは違い、不死身ではない。バイキングの神話に登場するものは、傷つけば死ぬことがありうるのだ。しかしながら、やはり普通の人間と異なっていて、特殊な食べ物のおかげで年をとらない。

バイキングの天空の最も高いところで君臨するのは、その名にふさわしい競走馬である。これらの馬すべてが並はずれているのなら、8本も肢をもつスレプニルは最も神話的である。どの駿馬もスカンジナビアの想像の世界を豊かにし、その世界にふれるものを幸せにする。

スカンジナビアの神話には特に馬が多様に描かれている。馬は"宇宙の森羅万象"を司り、夜と昼を創り出す。

伝説と逸品
Mythes et merveilles | エポナ (*Épona*)

ケルト⁽¹⁾出身の
牝馬の女神

ローマ人は、エポナを馬の多様な利用法と同じくらいの数の力をもつ女神に創り上げた。

エポナは、古代ケルト人がイギリス南部のワンタージュ付近のダウンズ⁽²⁾にある石灰質岩石を削って作った白馬によく似た牝馬の女神である。ケルト人の馬の女神は、あるときは子馬に授乳する牝馬の姿で、またあるときは子馬を連れた女性の姿で描かれ、双方とも豊饒の女神であった。女神の名自体に馬の名前が含まれている。すなわち、ケルト語のepoはラテン語のequus、ギリシャ語のhipposに対応するからである。語根epは数多くのケルト語の名前の中に見られる。

ローマ化されたケルト語のエポナはアマゾン（amazone）、つまり長いコートを風になびかせて騎乗する婦人騎手とされている。彼女は馬族すべての守護神であり、馬やロバを愛撫する女神の絵姿で厩の入口に掲げられている。ローマの騎兵はヨーロッパ各地にその信仰を広め、その似姿の彫像を建てさせた。ローマでは、12月18日に彼女のための祭りが執り行われる。

これはローマ人がかつて熱愛したケルトに起源をもつ数少ない神の1つである。ローマ人のある者にとっては守護の女神であり、他の者にとっては、養育の神である。さらに、エポナから、黄泉の国に向かう魂の旅を思い起こす者もいる。つまり、その子馬は子孫による生命の継続を象徴しているのである。エポナは様々な顔をもつ神であることは間違いない。

名前が"優れた女王"を意味するウェールズの神話にある人物リアンノン（Rhiannon）は、明らかにエポナが姿を変えたものである。死者をよみがえらせ、生者を眠らせることができる、この素晴らしい女性は、まずブロケード⁽³⁾と黄金の馬衣で覆われた真珠色の軍馬に跨って現れる。運命的だが薄幸な美人の彼女は、あるときロバに姿を変えられる。彼女が息子を生んだその同じときに、別のところで子馬が生まれる。この息子は彼女から取り上げられるが、随分後になって、彼女は、ある厩で息子を見つける。彼女が人間の姿を取り戻すとき、難しい使命が課せられる。彼女は国王である自分の夫の城にやってくる訪問客を道すがら背中に乗せて運ぶための家畜の役目を果たさなければならなくなるのである。従順で、辛抱強いうえに、素晴らしく美しい彼女は、反抗することもなくその役目を引き受けた。

伝説と逸品
Mythes et merveilles | アル・ボラク：マホメットの馬（*Al Borak*）

アルボラクに乗る大預言者マホメットは、人間と動物の二者共存を具象化し、アラーが最高の神であることを想起させる。

「馬は神が人間に与えた贈り物である」
アラブの諺より

16世紀のトルコの細密画。大天使がマホメットにコーランの8章を啓示する。

コーランでは、"アル・ボラクは、神が最後の日に生き返らせた最初の四足動物である。天使がそのうえにまばゆいばかりのルビーの鞍を置く。天使はその口に純粋のエメラルドの馬銜を付ける。そして大預言者の墓に導く。そのとき神はマホメットを生き返らせる。マホメットは天使と親しくなり、アル・ボラクに乗り天国に昇る"と詳しく説いている。

アル・ボラクは、天使ガブリエル（Gabriel）[1]がマホメットに与えた有翼の牝馬である。その名は"稲妻の魔法使い"と"まばゆい白"双方の意味を併せもっている。話すことができるこの馬は風よりも早く翔ぶ。聖遷[2]以来、毎年、ラジャブ（rajab）の月[3]28日に祝う夜空を横切る有名な主の昇天の際、大預言者が乗る馬がアル・ボラクである。女性の顔をした牝馬に跨る大預言者の表象は、人間と動物、男性と女性の関係を具現し、アラーが最高の存在であることを想起させる。

大預言者は、単にイスラム教の開祖というだけではない。彼は思慮深く、天啓を受けた偉大な政治家でもあった。情報交換の有効な機器がなくて、どうして当時の多種多様な部族を統一しえたのだろうか？マホメットは砂漠の優れた馬の能力を見つけだすことができたのだ。伝統的にラクダを利用していたアラブ民族を騎馬民族に変えるため、コーランは馬術教育を施す役目を果たした。コーランには、馬は最高の天啓のように記されている。つまり、この世では幸福と繁栄を黄泉の国では永遠の至福をもたらす。"この宗教の勝利のために馬を養う者は神に素晴らしい贈り物をするのである"と。

全く新しい一神教の中で発見されるのは、もちろんアラブの古い異教的[4]慣行が輝かしく含まれていることであり、諸説混合[5]の効用を認める大預言者は、人類をよりよい連合体にするため、この問題に取り組むのである。

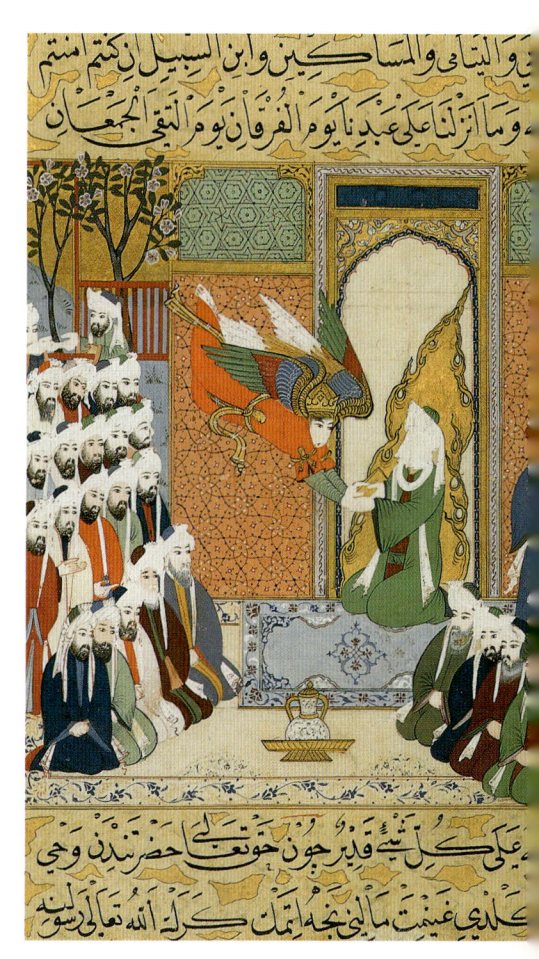

"神に我々の心情をお見せするため、聖なる熱愛する土地から我々がその内なるものを賛美する遠い土地まで、夜中にその奉仕者に旅をさせる神を讃えて"
コーランの17章の最初の節
"神はマホメットにメッカからエルサレムに旅をさせた。マホメットが一晩でこのような旅ができたのはアル・ボラクのおかげである"。

113

芸術作品 Œuvres d'art | レオナルド・ダ・ビンチの馬
(*Le cheval de Léonard de Vinci*)

紙上に描かれた……傑作

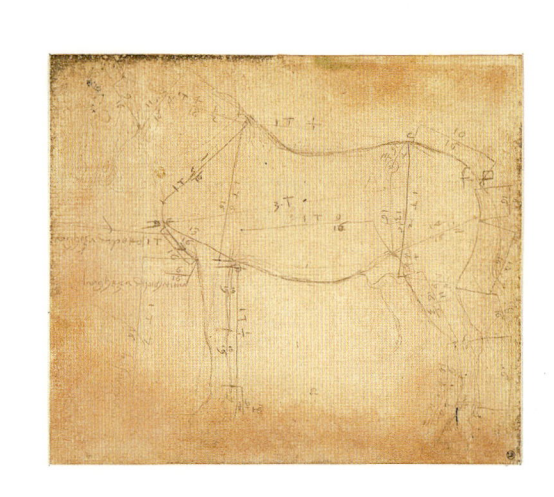

レオナルド・ダ・ビンチ（下写真）は、解剖学者の正確さで馬の形態を研究した（右上参照）。

自分の望みどおりに描いたレオナルド・ダ・ビンチの記念すべき馬の大作は完成するに至らなかった。それはフランチェスコ・スフォルツァ（Francesco Sforza）[1]を賛美する巨大な騎馬像を目指したはずであった。彼は1483年に最初のエチュード[2]の準備に取り掛かった。11年間、レオナルド・ダ・ビンチはこの仕事に専念した。しかし、結局、この馬の製作に用意された青銅は大砲の鋳造に使われた。

堂々たる軍馬に最も威厳のある歩様を表現するために考えられるすべての姿勢のエチュードと雛型作りの11年。高さが7mもある銅像の粘土製模型の制作に必要な特殊な技術問題の解決に達するまでの公爵の厩におけるデッサンの11年。ビンチは、馬の鋳型用の金属製の枠組みの制作を思い描いていた。彼の構想はことごとく実現しなかった。彼の研究は成果を上げえなかった。11年間の苦心は水の泡となったのだ。

今日、マドリードの国立図書館には、価値の計り知れない彼の自筆デッサン2点が保存されている。この偉人の全才能がそこに結集されている。各ページに、人や馬の体の描写を通して、彼の疲れを知らない完璧な探求が描かれている。1人の画家であるだけではなく、レオナルド・ダ・ビンチは宇宙の謎の解明に努力する思索家であり科学者でもある。彼は、自分のアイデアを理解し、実現するために図形化して描いた。彼は正確かつ精密に算定するがごとくデッサンした。これは自分の考えたことを目に見えるようにし、その価値を確信するために自分に課した方法である。

レオナルドは色々異なった姿勢の馬を描写し、そこから、自分の馬の銅像が取る姿を表現した。

芸術作品 / Œuvres d'art | ブレダ(1)の開城（*La Reddition de Breda*）

栄光のシンボルの馬

スペイン国王フェリペ4世（Philipe IV）のお気に入りの画家ベラスケス（Velazquez）が、1635年"ブレダの開城"を描いた。権勢、講和、軍事的成功の総括である絵画は、1625年ブレダにおけるオランダ人戦勝者、名将スピノラ（Spinola）の威厳が中心に表現されている。

　この作品には伝統的な歴史的光景は何も描かれていない。最も心理的な真実を描出しようとしている。中央に見える占領された町の重量感のある鍵が絵画を二分する境界を示している。絵は敵対者を拘束せんとする不均等な関係を明らかに証明している。つまり、一方では、群衆、勝利者の仰々しく掲げられた幟（のぼり）や槍、他方は敗者の従順な態度、その後ろの数人は矛槍だけを斜めに担いでいる。しかし、特に前面には立派な馬が1頭現れ、勝利を勝ちとった軍隊の力を誇示している。スペイン軍の栄光は見事な軍馬によって象徴されている。馬は自分を見ようする者には目もくれず、尻を向けている。その一方で、馬の蹄を検査している者がいる。しかしながら、平和の印として、穏やかに輝く空の色は、いまだに遠くで戦闘の煙に曇っている光景を後光で包んでいるように見える。

ブエン・レティーロ宮殿(2)の中央に位置するレイノスの間の装飾用に充てられたこの作品は騎馬の肖像画5点と共に飾られている。何れの馬も豪華な馬具を付け馬場馬術を演じており、これら主要な作品は、それぞれその驚くべき活力で輝いている。

ブレダの開城すなわち槍隊、ディエゴ・ベラスケス、1635年。この作品の中で前面に描かれている馬はスペイン軍の栄光を際だたせるためにこの位置にいる。

芸術作品
Œuvres d'art

ロザ・ボヌール⁽¹⁾の作品
(*L'œuvre de Rosa Bonheur*)

労役馬の貴婦人

ロザ・ボヌール、鉛筆画の習作。ロザ・ボヌールの才能は目立たない労役馬の気高さを引き立てることができた。

ロザ・ボヌールは、おそらく自分の才能を馬のために役立たせた最初の女性であろう。この熱心な女性解放論者は、とりわけ労役馬の力強い筋肉を描き出すのを好んだ。彼女は幼少の頃からデッサンや彫刻に夢中になり、ルーヴル美術館に足繁く通い、また、パリの馬市や畜殺場を歩き回った。自分の芸術に惚れ込んだ彼女は「私は芸術と結婚しました。これは私の伴侶、私の世界、私の人生の夢、私が呼吸する空気です」とまで言い放った。1857年パリの警視総監は、彼女が振りまく魅力に押されて、公衆の面前で男装することを許可する証明書を彼女に交付せざるをえなくなった。個性的で才能豊かな彼女は、徐々にヨーロッパで最も有名な芸術家の1人となり、レジオン・ドヌール勲章⁽²⁾受勲者となる。とりわけ彼女の芸術の写実性が当時最盛期にあったダゲレオタイプ⁽³⁾と比較されたが、その結果、彼女が写実性と正確さをもって、素朴などっしりとした馬を描いたことが賞賛されることとなった。彼女は自分の情熱を思う存分表現できるように、パリの南、フォンテーヌブローの森の近くのトメリ（Thomery）にあるビ城（Chateau de By）に居を構えることにした。そこで、彼女は自分にとって絵画や彫刻のモデルとなる馬が40頭以上もいる厩舎に通った。

19世紀の半ばには、パリにも田舎同様ペルシュロンやその他の労役馬がたくさんいたが、彼女の幸福はそれらを描くことであった。彼女の大作「馬市」は、その時代に描いた最高の風景画の1つであった。彼女が馬のために費やし得た業績は、すべて質も量も並はずれている。77歳で死ぬまで、彼女は馬に関わる芸術に身を捧げた。彼女の没後8日も経たないうちに、絵画892点、ブロンズ彫刻や水彩画、デッサン2200点が100万フラン以上に相当する競売にかけられた。この偉大な芸術家にいかに多くのファンがいたかを物語っている。

ロザ・ボヌール、木炭画の習作。この絵では芸術家は非常にアラブ的な特徴をもつ馬の姿勢のスケッチに執着した。

芸術作品 Œuvres d'art | サーカスの場面 (Des scènes de cirque)

サーカス小屋、舞台への入口、パステル画。自分のデッサンの中で光を放ち、まとめあげるトゥールーズ・ロートレック（Toulouse-Lautrec）は、現代ポスターの父の一人である。

Toulouse-Lautrec

現場でスケッチされたサーカスの馬

アンリ・ド・トゥールーズ・ロートレックは、1864年、タルン県[1]、アルビ[2]の貴族の家庭に生まれる。骨の病に罹っているにもかかわらず、難しい馬術の練習に長い年月を過ごした。そして、彼にとっては致命的な落馬の日がやってくる。14歳のときのことである。以来、彼の発育はぴたりと止まった。異常に背が低く、不格好で足が不自由になる。それでもなお馬や馬を取り巻く人たちは彼が熱愛するものの1つであり続けた。

17歳になるや、トゥールーズ・ロートレックは、子供時代を送ったタルン県を後にして、絵画を勉強するため"上京"した。しかし、はやばやと彼は伝統墨守の手法に別れを告げ、モンマルトルに身を落ちつけて、キャバレーや自分も常連客の一人であった遊郭の住人を描いた。この芸術家は、全く相反する2つの世界に住んでいる。つまり地方の貴族の世界とパリのミュージックホールの開放的な雰囲気である。だがモンマルトルは彼のインスピレーションの唯一の源ではない。彼は自分の才能を馬術芸術にも役立たせる。あらゆる種類の馬の演技に魅惑された彼は、キャバレーの夜のお祭りのような生活と競馬場やサーカスの円形舞台のおそらくもっと健康的な生活の間で揺れ動いたのだ。

彼は円形舞台の回りを優雅に舞う女曲馬師にいくつものエチュードを捧げる。彼は目の前で展開する舞台に気を配りながら精力的に、かつ熱心に絵を描いた。引き締まった筋肉質の力強い身体やきびきびした動作が彼の作品の特徴である。ダイナミックな線が人物を練り上げ、鉛筆の描写力でその動きを決める。

1899年、彼が療養所に収容されたとき、サーカスの最も美しいデッサンを描いた。参考にするスケッチがないまま、トゥールーズ・ロートレックは記憶だけで素描する。彼の絵にはイメージを呼び起こす力が必要だが、それはおそらく上記の手法によるものである。最も重要なことは枝葉末節にこだわることなく、すべてすっきりした形で、その手法に集中することである。極度に荒々しい表現が必要なことは彼個人の悲劇から彼自身の中に生まれたことで、これが彼の芸術や人生をつくり上げている。トゥールーズ・ロートレックは表現主義[3]の源の1つである。

芸術作品 / *Œuvres d'art* | 迷える競馬騎手（*Jocky perdu*）

時代を超越した騎手

Magritte

迷える競馬騎手2作のうち、1926年の第1作はマグリット（Magritte）が、シュールレアリスト[1]としてデビューしたことに対応する。

ベルギーのレッシーヌで1898年に生まれたルネ・マグリットは、彼の超現実主義的絵画芸術の歴史を示すことになる。彼は綿密に描かれたオブジェや人物の特異な線上に自分の作風の基礎を置いた。

1926年、シュールレアリストとしてのデビューを飾る彼の『迷える競馬騎手』は、ギャロップが醸し出す際立ったリズムで、不思議な、心を虜にする旋律の中に我々を引き込むようである。この絵は"初期のマグリット"の作風に属するものとされている。彼によれば彼の手法はただ構想の表現を可能とするだけの中立性をよりうまく見つけ出すために鮮明かつ正確でありたいのだという。「構想は、世の中が自分に示すものであり、また秘密裏に自分に示されたものを再現するようなものである。それがなければ、世の中に如何なる可能性も存在しない」と彼は説明する。

16年後に、マグリットは新たに"迷える競馬騎手"を制作した。人物は同じである。しかし、風景が異なる。今度は、ギャロップの響きが、汚れひとつない純白の、音楽を奏でるまたは音譜の付いたチェスの駒があしらわれた風景の中に封じ込められている。その空間の中央で馬と騎手が空中で漂うかのように見える。この芸術家には、絵がしばしばイメージと表現の関係について問題を提起するところがある。彼の作品の中の時間は、我々の世界の時間と異なるにもかかわらず、我々の世界に向って開かれた窓のようなものである。描かれている場所は現実に認識されているものではない。マグリットのこの絵の中に深く入り込むことは我々自身の心の中のギャロップのリズムを聞くことである。つまり時間が現実に過ぎていく我々の人生の本質そのものを聞くのである。

マグリットの作品では、タイトルは作品の不可欠な要素となっている。ゆえに、タイトルは絵画が完成したときにのみ決められる。あたかもそれが最も優れた解釈、最も優れた要約であるかのように。いつも「タイトルは私の絵をありふれた領域に位置づけることのないように選ぶのだ」と画家は言う。そのことが彼の絵を時代を超えたものにするのである。

芸術作品 Œuvres d'art | アポロン⁽¹⁾の池 (*Le bassin d'Apollon*)

アポロンの池の馬は、彫刻家ジャン・バティスト・チュビ (Jean-Baptiste Tuby)⁽²⁾が1671年に制作した。

ヴェルサイユの中心に位置する金色の駿馬4頭

アポロンとその飛び跳ねる駿馬は、太陽王の権力とルイ14世（Louis XIV）の世界的な威光を表している。

太陽王ルイ14世の意向にそって、ヴェルサイユ宮殿は、太陽と美の神アポロンの神話を例証するように導かれ、建設され、装飾が施された。実際にひとまわりしてみれば目前に宇宙が現れてくる庭園は、明らかに毎日東から西へと運行するギリシャの神に捧げられたものである。これらの庭園の中心部にあるアポロンの池は、最も偉大な王威に満ち溢れている。八角形の池で、その真ん中に金メッキの鉛製の彫刻がある。水がほとばしり、美しく輝く神は、血気盛んな駿馬4頭に引かれた戦車乗り、4頭のイルカがそれを取り巻く、トリトン⁽³⁾4頭が四方に向かってほら貝を吹く。全部で28の噴水と3本の百合の花は、太陽が大地を照らしながら運行するにつれて、波を発生させるのである。これはすべて調和のとれた極めつきの景観である。つまり、平面的な建設⁽⁴⁾が、緑の絨毯⁽⁵⁾とグラン・カナル⁽⁶⁾の間にアポロンの池を配置したこの眺望を壊していない。この時代の優秀な彫刻家の1人チュビは、この壮大な作品を制作するのに、イタリアの画法から着想を得たのである。

ヴェルサイユ庭園の噴水を稼働させるためには、1時間当たり6000立方メートルを下らない水が必要である。長期にわたり、マルリ⁽⁷⁾のポンプ場から供給されるセーヌ川の水が驚くほど美しい生き生きとした景観を生み出すのである。マルリにあった別の馬の彫刻⁽⁸⁾は、現在ルーブル美術館に展示されている。まさに技術的快挙であるこの噴水装置は見事な方法で活用され、アポロンの池で泡立つ波が噴き出るのである。

芸術作品 | モンテ・カヴァロの馬 (*Les chevaux de Monte Cavallo*)
Œuvres d'art

ローマの巨像

モンテ・カヴァロ広場の眺望ピラネージ (Piranèse) 作、1773年。

騎手カストル (Castor) と拳闘士ポリュデウケス (Pollux) は、新興ローマ文明の象徴である。

イタリアの首都を取り囲む7つの丘の一番高い頂上にあるクイリナルの広場は、ローマの最も洗練された場所の1つである。その中心部はディオスクロイ (Dioscure)[1]、つまり、カストルとポリュデウケスの双生神の巨大な彫像で飾られている。

ローマの勃興の際、ギリシャ神話のこれらの英雄は、ゼウス（彼らのディオスクロイの名はこれに由来する）とレダの息子で、古代ローマ人に受け入れられることになる。拳闘士ポリュデウケスと騎手カストルは新興文明の2つの象徴的な顔となる。伝説によれば、紀元前6世紀に、レジル[2]の戦いのとき、ディオスクロイはローマ人の敵に敢然と立ち向かった。勝利の後、ローマは公共広場に双子の兄弟への感謝の印として神殿を建立した。双子の兄弟はローマ人騎士団の守護者となった。

16世紀の末、教皇シクストゥス5世 (Sixte Quint) は、ローマのすぐ近くにあるコンスタンチヌス帝の公共浴場で発見された2つの像をクイリナルの丘に据えることを要求した。彼はこの地にサマーリゾート用の別荘を建てた最初の人物である。これは1870年まで後継者によって保持された。海抜61 mの高さのおかげで、下層階級の町よりも澄んだ空気を吸うことができた。その町では、大勢のローマ教皇にとっては高齢であるため致命的となる"バチカンマラリア"が猛威を振るっていた。現在、クイリナル広場にはイタリア共和国大統領の官邸がある。

高さ5.6 mの記念像は、紀元前5世紀のギリシャ騎士団2グループのローマ時代の複製である。4世紀以来、これらの像はその堂々とした風貌によって、モンテ・カヴァロ、つまり"馬の山"の名で知られている素晴らしいクイリナル広場を有名にしている。

120

芸術作品 Œuvres d'art | サン・マルク広場の並列4頭立て2輪戦車
(Le quadrige de la place Saint-Marc)

ビザンティンに由来する逸品

これら4頭立て戦車は、2400年経た今日、公害で傷んでいる。

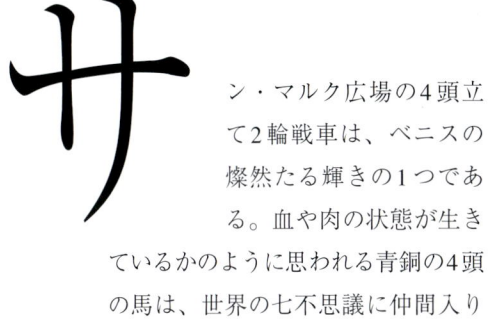

サン・マルク広場の4頭立て2輪戦車は、ベニスの燦然たる輝きの1つである。血や肉の状態が生きているかのように思われる青銅の4頭の馬は、世界の七不思議に仲間入りできるのではなかろうか。伝説によればこれらの馬は、ロードス島の有名な巨像 [1] の戦車を引いていたという。

4頭に関する伝説には歴史的意義がある。これらの馬は、芸術分野における古代ギリシャ・ローマ文明の最も美しい贈り物の1つである。紀元前4ないし3世紀に作られたこれらの馬は紀元前360年頃、シキオン [2] で生まれたリュシッポス（Ly-sippe）[3] という名のギリシャの彫刻家の作とされている。700年の間、これらの馬は、贅を好むビザンティウム [4] の競馬場に飾られた。第4次十字軍遠征の際、これらはビザンティウムから持ち去られ、さらに700年の間、ベネチアのサン・マルク大聖堂の自慢の種となる。これら4頭はベネチアの統領らがサン・マルク広場で行われる様々な儀式に列席することができる正面の最上階のテラスに設置される。この美しい彫刻は芸術家のなせる神業の賜物である。馬を硬直させることなく動きを与えることができたのである。つまり精気に満ちた彫刻はピアッフェを踏もうとしているのだ。馬銜をかみ、馬具をつけ、腹帯を締め飛び跳ねる準備ができている。

太陽神の戦車を引く準備が整っていると断言できるこの4頭立て戦車の見事さは、ナポレオンの貪欲さから逃れられなかった。彼はこれを1797年パリに移設した。帝政の没落後、1815年フランスがイタリアにそれを返すまでの18年間そこに留まることになる。

特殊な素材のこれらの馬は、鍛造した多数の青銅片をリベット締めして作られており、外装を滑らかにするために手で丁寧に磨かれている。以前は3～4層の金箔で覆われていたが、現在は部分的にその輝きが残っているのみである。近年、ベネチアの住民は自分たちの宝物を環境汚染から守らねばならなくなっている。オリジナルの馬は精密な複製に席を譲り、大聖堂の中に安置されたのである。

完璧なピアッフェで表現されているこれらの馬は立派な人生教訓である。これらはギリシャの彫刻家リュシッポスの作である。

芸術作品
Œuvres d'art | アンリ4世の騎馬像（*La statue équestre d'Henri IV*）

思いもよらない運命の記念碑

"ヴェール・ギャラン（Vert Garan）[1]"の白馬は色鮮やかな歴史の表舞台に。

ポン・ヌフ[2]の広場に位置し、シテ島の西端にあるヴェール・ギャラン小公園を見下ろす王アンリ4世の騎馬像は、数多くの失敗を経験し、新たな展開を実践した。1607年、快活なベアルネ（Bearnais）[3]、アンリ4世が架けたポン・ヌフはいささか空虚な印象があった。そこで王妃マリー・ド・メディシス（Marie de Médicis）は、自分の夫国王の騎馬像でその橋に潤いをもたせようと決心した。フィレンツェ生まれの誇り高きイタリア人マリー・ド・メディシスは、自分の熱意に応えてくれる作品を制作できるのは自分の祖国の彫刻家だけである考え、ジャン・ボローニャ（Jean Bologne）に白羽の矢を立てる。フランドル出身のこの彫刻家は、フィレンツェで、フランス王妃の父フランソワ・ド・メディシス（François de Médicis）の援助を受けていた。彼はすでにマリーの父方の祖父コスム（Cosme）1世の騎馬像を制作した実績がある。75歳の名人は、そのオリジナルの鋳型に青銅を流し込み、自分が先に手がけた作品を忠実に複製した。このような時間の節約にもかかわらず、彼は作品が製作される前に倒れ、完成には至らなかった。彼の弟子の1人が仕事を引き継ぎ、騎馬像は1613年最終的にでき上がった。しかし、そのときになって6トンのブロンズ像をイタリアからフランスに輸送するという頭の痛い問題が持ち上がる。馬とその王族騎手はリヴォルノ（Livourne）港で船積みされ……300 kmも遠くに流されてしまった。幸運にも、離礁作業が可能で、再出発。目的地に到着するまでの輸送にさらに1年以上を要した。これがパリに建立された最初の騎馬像である。市民はこれを歓呼で迎え入れた。しかしながらアンリ4世は4年前にラバイヤック（Ravaillac）[4]に暗殺されていた。だが、心配するに及ばない。彼の後継者

好戦的騎士アンリ4世。
1593年のイタリア版画、この年彼は新教⁽⁶⁾の放棄を誓う。

1594年、ベアルネ（アンリ4世）はパリを包囲した。勝利した彼は一躍、民衆に愛される王となり、フランスの国家統一を図った。

ルイ13世（Louis XIII）は、その騎馬像の肢の部分に彼の生涯の輝かしい治世を彫らせた。この時代、ポン・ヌフは、流行を追うパリ生活の文化の中心地としてすでに重要となっていた。そこに姿を見せることは流行に敏感と言うべきか。ブロンズの騎馬像には追従者が大勢いた。物見高い人々の金を狙うスリを意味する表現が名高い騎馬像と同様に有名になる。

青銅の堂々たる騎手とその駿馬はフランス大革命の災いをもたらす"重苦しい日々"までセーヌ川の流れを眺める。1792年国民議会は、専制政治を賛美して建てられた記念碑をのさばらしておくのは自由の原則に反すると宣言する。さらにフランス共和国は戦争に巻き込まれ、騎馬像は祖国防衛のため、大砲に姿を変えるはずであった。しかし、結局、ブロンズ供給のために溶解されることなく、馬は丸ごと、アンリ4世は粉々に砕かれてセーヌの流れに投げ捨てられる。この騎馬像製の砲弾は一発も発射されなかった。

新しいアンリ4世の騎馬像がもとの通りポン・ヌフを飾るようになるには、1814年、ルイ18世（Louis XVIII）の復帰を待たねばならない。建設は急がれたが資金が不足した証拠に、騎馬像は石膏の段階であった。帝王に最もふさわしい騎馬像に必要な資金調達のための国債応募額は1500万フランに相当する額と言われている。

時に歴史は滑稽話になることがあるが、思いがけない出来事も持ち合わせている。そのとき使われたブロンズはナポレオン帝政の没落後、栄光の座から引きずり降ろされたナポレオンの様々な銅像を溶解したものであった。騎馬像はその後種々雑多な資料に用いられた。つまりヴォルテール（Voltaire）のアンリ大王賛歌⁽⁵⁾、ルイ18世の王政復古の物語、メダルや硬貨の例がある。しかしおそらく最も素晴らしい暗喩は、この帝王の身体そのものがナポレオンの小立像や君主制反対の攻撃文書を秘めていることである。

最後に、ポン・ヌフの今日なお彼の場所である広場におびただしい数のアバンチュールを体験したものの彫像を建てるには、2頭の牛18組、70頭を下らない馬を働かさなければならなかった。パリで最も古い橋に建てられ、フランスの最も人気があり、心の中に残る君主アンリ4世の騎馬像は偶然にもフランスの歴史の無視できない証拠を知っていた。

文学と映画
Littérature et cinéma
ロシナンテ：ドン・キホーテの愛馬
（*Rosinante*）

輝かしき馬にしては役立たず

牝

馬ロシナンテは、"憂い顔の騎士"[1]の質素な厩に住むユニークな小説のヒロインである。この"やせ細ったX脚で、貧弱なたてがみの馬"は、セルバンテス（Cervantès）の小説の忘れ難い英雄ドン・キホーテの愛馬である。

小説では、ドン・キホーテは、自分のやせこけた年老いた愛馬に付ける優れた、意味深い響きの名前を考え出すのに4日もかかっている。それがロシナンテである。この馬は歴史上最後の騎士で勇敢なドン・キホーテ・デ・ラ・マンチャ[2]を背に悪者退治に出かける。ドン・キホーテは滑稽にも自分の貧相な馬が、アレクサンドロス大王の有名な愛馬ブケファロスに匹敵する美しさと気概をもつ稀に見る素質に恵まれていると考え、自分の駿馬の価値が認められる壮大な冒険まで頭に描いている。

気位が高く哀感を漂わせるドン・キホーテ・デ・ラ・マンチャは、ロバに乗った小柄で太鼓腹の従僕サンチョ・パンサ（Sancho Panca）を従え、自分の想像の産物でしかないものと夢中になって戦う。この理想主義者の騎士にとっては威厳のある軍馬ではなく、やせこけた、疲れた馬であるため、その名は今やおいぼれ馬と同義語となっている。

この著者ミゲル・デ・セルバンテス・サアベドラ（miguel de Cervantes Saavedra）は、57歳になって初めて、ドン・キホーテの最初の部分を出版した。彼自身カスティーリャ[3]生まれの冒険家で、レパントの戦いで左手を失った。それから彼は5年間バーバリ人[4]に捕虜として拘留された。祖国に帰還後、彼は文筆生活を送ることになった。しかし、彼が傑作を書くのは相当後のことで、これは2部に分かれ、前編は1605年、後編は1615年に世に出た。彼

ドン・キホーテ（Don Quichotte）と彼の馬。主は愛馬を数々の美徳で飾っている。オノレ・ドーミエ（Honoré Daumier）のイラスト：1870年。

は1616年に他界、ヨーロッパ文学におけるもう一人の巨人ウィリアム・シェークスピア（William Shakespeare）が死亡した年でもある。

ドン・キホーテ物語は、16世紀のヨーロッパ、特にスペインで流行した奔放な想像力による現実離れしたことに対して彼が醸し出す騎士道物語や情熱をこっけい話にするのである。ハプスブルク（Habsbourg）家の王朝に支配された宮廷におけるカスティーリャ語[5]の威光によって、ドン・キホーテはたちまち国際的な成功を手にすることができたのである。

ドン・キホーテの気前のよい、壮大な無分別はサンチョ・パンサの現実主義と庶民的良識と調和し、400年このかた大人や子供の心をとらえている。両名は自分たちにふさわしい馬をもち、人間味があり、古い特徴のあるタイプの人物である。そのことは、世界的で変わることのない彼らの名声を物語っている。心を奪われた読者は彼らの冒険に加わり風車小屋乗っ取りに出発するのである。

文学と映画
Littérature et cinéma | フーイヌム族(1)（*Les Houyhnhnms*）

賢くて善良な馬フーイヌム族の国、ガリバー（Gulliver）最後の旅先リリパット(2)の島におけるこの英雄はよく知られていない。

美徳と知性の手本

ガリバーはイギリスの外科医で商船に乗っていた。彼は難破によって遭難し、未知の国を発見する。それらの国で彼は人の心を徐々に知ることになる。"ガリバー旅行記"は、1726年ジョナサン・スウィフト(3)（Jonathan Swift）が出版した風刺物語である。この作品は4つの旅行記で構成されている。住民の背丈が6インチしかないリリパットの島や巨人が住んでいるブロブディンナグの国に漂着するガリバーの旅行が最も有名である。ガリバーの4番目で最後の旅行で、彼はフーイヌム族、つまり美しくて賢く、魅力的な馬の国に行き着く。

生まれつき言語力に恵まれ、数学や哲学に熱中し、芸術に敏感なフーイヌム族は誠実さの模範的存在である。彼らはヤフー（Yahoo）(4)という名で呼んでいる人類を自分たちの支配下に置いている。ヤフーは不快な堕落した生き物で、うなり声だけで意思の疎通を図り、最も危険な獣性をそなえている。フーイヌムは賢いだけではなく、勇気と寛容のバランスがとれた立派な馬である。このことによって、フーイヌムの思考力はごく僅かの人間だけが手にし得る精神的水準に届くのである。これらの馬は悪徳、嘘、病気とは無縁である。彼らの世界は調和がとれているのだ。

馬が一般的に使っている言葉では、フーイヌム族は"完全な自然"を意味する。一方、良くないことはすべて"ヤフー"という呼び名で示される。

ガリバーをフーイヌム族の国に導き入れるエピソードでは、スウィフトの風刺の精神は激しさが倍増する。この作家は歯切れの良い明快な文体で、我々の世界のなんとも情けない光景を我々自身に提示する。ガリバーは、初めて自分の国に帰るのが嫌になるほど、人間の不合理性を思い知らされるのである。彼はヤフーに似ていることを悔しく思い、フーイヌムになることだけを熱望する。しかし、誤解されて追放され、再び航海に出なければならなくなる。そのとき船べりから食料を投げ捨て、死のうと決心する。だが、自分の意に反して助けられた彼は、改めて自分が認められるようになるために、長い時間を費やし、再びイギリスで最も信頼できる馬を友として生涯を全うすることになるのである。

1頭のフーイヌムが自分の蹄にガリバーが口づけるのを愛想よく受け入れる。

文学と映画
Littérature et cinéma | ジョリー・ジャンパー⁽¹⁾（Jolly Jumper）

アメリカ西部で最も賢い馬

めったに見られないあけっぴろげな愛情表現！

"時間を稼ぐため、人と馬が交替で眠る！"ポニー・エクスプレス⁽²⁾、ダルゴー（Dargaud）⁽³⁾、1988年。

ジョリー・ジャンパーは、アメリカ西部で最も速く、最も賢い馬である。喋り、計算し、書くことができて、かの有名な騎手にとっては最も優れた能力をもっている馬、つまり、マンガで一番人気のある心の広い正義の味方のカウボーイ、ラッキー・リューク（Lucky Luke）のたてがみと尾が黄色い神秘的な愛馬である。この両者は、いつも一緒にいる仲だが、リュークはJ・ジャンパーがいなくても、幸運でいられるのか？　J・ジャンパーはいつも、どこで待機すべきかを正確に承知しており、必ず都合よい窓辺に身を置き、苦境から彼を救い出す。J・ジャンパーはリュークのもう1匹の配下、犬のランタンプランが馬鹿だと告げられ、この犬を極度に軽蔑し、"禽獣"以下だとしている。

J・ジャンパーは、モリス（Morris）のユーモラスな筆によって1945年に生まれる。好感のもてるトリオはこの創作家が世に出るとすぐ日の目を見る。1923年12月1日モーリス・ド・ベベールで生まれたモリスが自分のペンネームを選んだのは、1947年マンガ雑誌「スピロウ」のために、"アリゾナ1880"のタイトルでこれらトリオを考え出したときで、その後、週刊誌「ジュールナル・ド・スピロウ」⁽⁴⁾の誌上で彼らの冒険が連載される。

これらの物語の中で、モリスは、登場人物にアメリカ西部の一連の有名な実在の人物名を借用する。それによって、ダルトンの四人兄弟、裁判官ロイ・ビーン、およびカラミティ・ジェーンが人間的パノラマを仕上げていく。ジャン・ギャバン、アルフレッド・ヒッチコック、リー・バン・クリーフのような、その当時のスターの漫画と肩を並べる。

1948年から1955年にかけて、モリスはアメリカ合衆国を歩き回り、偶然ニューヨークでルネ・ゴッシニー（Rene Goscinny）に出会う。R・ゴッシニーはヨーロッパに戻ってから1977年死去するまで、彼のマスコット的シナリオライターになる。

現在、文字どおり世界的スターになったJ・ジャンパーとL・リュークは80巻を超える漫画本で有名になり、数億部発行され、約30ヵ国の言葉に翻訳されている。現代の優れた伝説の1つであるアメリカ西部の伝説に関わりをもつ気取らない表現力豊かな画風によって彼らを国際的マンガの舞台で無視できない最上位にのし上がる。映画に取り上げられたラッキー・リュークとJ・ジャンパーは1971年初めて"雛菊の町（Daisy Town）"のスクリーンに姿を現す。1978年と1983年に長編映画が2本製作された。1984年、26分のアニメ映画26シリーズがTV用に製作される。続いて1991年26分の新エピソードの第2シリーズが現れる。1997年9月10日、彼らの誌上における創作後、52年目にパリでその価値が認められる。

"貧しく寂しいカウボーイ（poor lonesome cowboy）"が非常な早さで出版されたが、そのとき彼の幻影と彼の勇ましい駿馬は第9芸術⁽⁵⁾の先頭で活躍していた。

文学と映画
Littérature et cinéma | 長くつ下のピッピ
(*Le cheval de Fifi Brindacier*)

おさげ髪とデンマークの馬：
とてつもない浪費

長くつ下のピッピは9歳で、同じ年頃の少女すべてがそうありたいと夢見るように、色々なものがそろっている別荘で自分一人、馬と猿のニルソンさんとだけ暮らしている。赤毛を束ね、じゃがいものような鼻の持ち主の彼女は、50年以上も前から、たくさんの国の子供達の心をとらえている。ピッピの飼っている馬は幸福である。馬仲間では自分だけがこの幼いご主人様にいつも支えてもらっているからだ。つらい仕事でへとへとに疲れたたくさんの馬にどんな夢を与えるのだろう！ピッピは世界で最も強い少女だと言われるに違いない。もちろん彼女は大変な金持ちである。なぜなら金貨が一杯詰まっている鞄を持ち、とりわけチョコレートやレモンソーダを好きなだけ実らせる木を持っているから。9歳としては、これこそ計り知れない豊かさというものである……。

しかしピッピが素晴らしいのだから、彼女の馬もまた優るとも劣らない。この馬は数が少なくなったクナーブストラップ (knabstrup) に属している。この白い馬は頭、胴、四肢に黒あるいは褐色の斑点があり、サーカス、特に曲乗りでは非常に評価されている。ピッピの冒険にお供するために選ばれた動物はそれだけで並はずれている。

ピッピは児童向けの本の著者アストリッド・リンドグレン (Astrid Lindgren) [1] が創作した。彼女の著作に対し、1971年スウェーデン・アカデミーから金賞が贈られた。A・リンドグレンは、スウェーデンのビンメルビューで1907年11月14日に生まれ、1945年になって初めて『長くつ下のピッピ』を世に出すことになる。1941年から彼女は、馬に乗る若いお転婆娘の冒険談を自分の娘に語って聞かせていた。後に娘はそのお転婆娘の名前が長くつ下のピッピであることを知る。実はこの可愛いお転婆娘は、子供達が夢に見るすべてを映し出している。つまり彼女は、馬と猿、その他に驚くべき怪力や魔力をもっている。ピッピとその名高い馬が英雄になった3つの作品は、後日有名なマンガやテレビ用シリーズを生み出した。これらは60以上の外国語に翻訳されている。その評価が確立したのである！

数少ない貴重なデンマーク原産のクナーブストラップは、長くつ下のピッピの幸運な仲間である。

127

文学と映画
Littérature et cinéma | ポリ（Poly）

いたずらポニー
疲れを知らない冒険好き

人間の相手役5人を続けて使い捨てたのはポリである。子供は皆、次々とポリの背中に乗っていくのに。

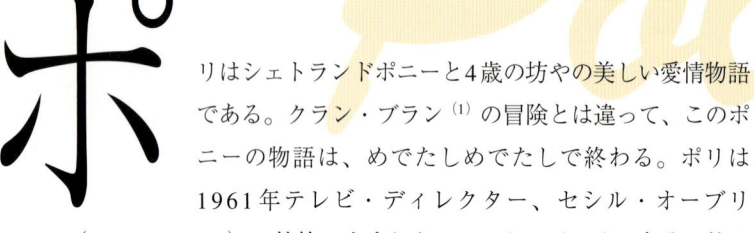

ポリはシェトランドポニーと4歳の坊やの美しい愛情物語である。クラン・ブラン[1]の冒険とは違って、このポニーの物語は、めでたしめでたしで終わる。ポリは1961年テレビ・ディレクター、セシル・オーブリ（Cécile Aubry）の執筆で生まれた。C・オーブリは、自分の幼い息子のために7つの逸話を書いた。ポニーのポリと幼いパスカルの出会いは、パスカルが住んでいる町にサーカスの一行がやってきたときのことである。それ以来、両者はもはや離れることはなく、列車や自動車あるいは小舟でヨーロッパの国境を越えて冒険に明け暮れるのだ。

1つの同じ役柄を演じるための複数の普通の動物役者とは違い、ポリは12年間、ポリという名の連続ものを構成する9つの時代を1人で演じ通した。5人もの人間の相手役を使い捨てたのは、このポリである。ポリの相手役を務めた役者よりも成長が非常に遅かったことをつけ加える必要がある。が、1つの冒険のため、フランスやベネチア、スペインやポルトガルに赴き、小さなスクリーンのために出演して過ごした12年の末期にチュニジアで生涯を終えることになる。その最後の住処は初めてヨーロッパ以外の土地となった。従順で御しやすい旅するポニーは全国の子供に夢を与えた。

ポリと同品種の馬で、スクリーンの小さなスターでないものは、どさ回りの役者である。しかし、その存在自体いつもそれほどたやすくなかった。ポリはシェトランド諸島の品種に属する。バイキングがスコットランドの北にあるこの島に持ち込んだところから、島の名が品種の名前になった。このポニーは厳しい冬にもかかわらず、まばらな草など餌を見つけるために雪をかき分けながら、自分で生きていくことを学んだ。厳しい生存条件が世代から世代へとその体形をつくり上げていった。小さい背丈のこのポニーは、き甲まで1mしかないが、驚くべき体力と気力をもっている。19世紀になると、この小さな体格にぴったりの役目が見つかる。イギリスの炭坑の中でトロッコを引くことである。鉱山で使われる小型の馬は坑道の底まで降りると、その大半が、再び日の光を見ることなく死んだ。しかし、気丈なシェトランドポニーは、視界が明るくなるまで頑張った。鉱山が閉鎖されるとともに、乗馬のための代表的な初心者用ポニーとなったのだ。今や少年騎手の最良の友であり、多くの用途を生み出している。

文学と映画
Littérature et cinéma | クラン・ブラン⁽¹⁾（*Crin blanc*）

野生の種牡馬塩と泡の色

クラン・ブランは、まさにカマルグの野生馬で、必死で戦う。

クラン・ブランは、カマルグ⁽²⁾の馬の叙情詩である。これは白い馬、黒い雄牛、オオフラミンゴの国における貧しい漁夫の息子フォルコ（Folco）と野生の見事な種牡馬、つまりハレムのリーダーの物語である。このクラン・ブランを乗りこなせるようになったのは、フォルコただ1人で、彼の忍耐と愛情と粘り強さのおかげである。両者は切っても切れない仲になり、1人の子供と1頭の馬とが理解し合うことができた最も素晴らしい物語の中で生きるのである。牛の群の番人らは意地悪で怒りっぽく、自分たちに反抗する立派な種牡馬を見て逆上する。その番人らに追いまくられた少年と馬は逃亡を余儀なくされる。彼らは必死に走って、泳いでは渡りきれない流れの大河ローヌ河のど真ん中へ。狂暴な人間よりもむしろ、波に立ち向かう方を選んだ彼らは奔流に飲まれてしまう。

アルベール・ラモリス（Albert Lamorisse）が監督した動物映画は、チュニジアを舞台にした物語で、同じテーマの子供とそのロバの愛の物語「可愛いロバ、ビー」の後、1953年に撮影されたクラン・ブランは第2作目である。

しばしば危険な場面が出てくるこの物語の映画化は、撮影に80日かかり、本物の野生馬が必要であった。

野生馬の戦いやフォルコが投げ縄でクラン・ブランを捕らえるときでさえ、特殊撮影や代役を立てることはなかった。しかしながら、この伝説的映画の中で最も信じられないのは、フォルコを演じた若い俳優アラン・エメリー（Alain Emery）が、撮影当初乗馬ができなかったことである。彼はその美しい魅力のゆえに留め置かれたが、クラン・ブランが彼を経験豊かな騎手に育て上げたのだ。

文学と映画
Littérature et cinéma | トルネード[1]（*Tornado*）

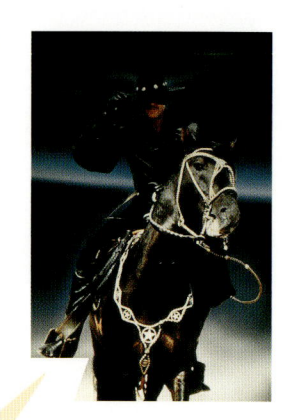

蹄の先で痕跡を残す名前

賢くて雷のように速く風のように捕えどころのないトルネードは弱者や虐げられたものを救うというすべての勝利へ覆面騎手を導く。

1919年に生まれた物語のヒーロー、トルネードとゾロ（Zorro）は、次から次とテレビのシリーズ物や映画に登場、20世紀を走り抜ける。

　ルネードはゾロの青毛の種牡馬である。19世紀初頭におけるスペイン入植者の支配力に対する争いでカリフォルニアの伝説的な悪党の歴史に着想を得たゾロ"キツネ"は、1919年連続ドラマとして登場した。この作者は、警察広報誌の元報道官ジョンストン・マックレー（Jonston McCulley）である。この冒険物語が発表されるや、メキシコは激しい動揺の渦中に巻き込まれる。独裁者の権力乱用に抗して、抑圧された人民を救う若い貴族を演出するマックレーの筋書は、まさに、その時代のメキシコの政治情勢にかかわるものであったのだ。しかし、作者は、その激変の舞台の時代背景を1世紀さかのぼって位置づける見識をもっていた。

　トルネードと謎の騎手ゾロはいち早くスターになった。が、彼らの冒険が本になり、初版が出版されたのは1924年になってからである。この初版の後、仮面をつけた英雄と並はずれた駿馬の64にものぼる様々な物語が引き続き出版された。ウォルト・ディズニー（Walt Disney）制作の実写版に主演したガイ・ウィリアムズは、1957年以降、1話あたり26分間のエピソードを78回にわたって放送した一連のTVシリーズによって、この英雄の名を不滅にした。1960年代にゾロとトルネードは伝説化される。スペイン、イタリア、ベルギー、インドおよびトルコで、この連続ドラマがそれぞれの言葉で演じられた。

　昼間は洗練された若者ドン・ディエゴ・ド・ラ・ベガ（Don Diego de la Vega）は、夜になると口がきけない召使いベルナルド（Bernardo）の助けを借りて、幻想的なゾロとなる。しかし、ゾロは自分の忠実な駿馬トルネードがいなければ生きていられない。賢くて稲妻のように速く、風のように捕えどころのないトルネードはこの象徴的な名前をもつ。月明かりのない暗闇のような毛色をしたトルネードはその英雄的な騎手しか乗せない。そして、その騎手のためには目覚ましい働きをする。この素晴らしいコンビは伝説的な正義の士の模範をよみがえらせる。正義の士は駿馬に助けられて自分たちの暴君から正直者を守る万人の心に正義の擁護者として残っている。

文学と映画
Littérature et cinéma | 青毛のプリンス（*Prince noir*）

小説になった英雄

ニューヨークタイムズが"今世紀[1]の最も空想的な馬"と名付けた青毛の種牡馬は、ビクトリア女王時代の仲間の弁護をする。

毛色は漆黒、額に白い星のある青毛のプリンスは、その生涯がおとぎ話のように始まる。イギリスの緑豊かな田舎で生まれ、領主の裕福な屋敷で幸福に暮らす。馬術教師は良い人達で、厩務員は経験豊富、他の馬とは仲がよい。女主人が重病で倒れる日までは最良の環境ですべて順調に運ぶ。一家はもっと温暖な地方に転居するため馬を手放さなければならなくなる。そのときから青毛のプリンスの災難が始まる。この馬は、乗馬ばかりして一人前の男になろうとしない身分の高い特権階級の傲慢振りや自分自身うまく利用され、不幸な仲間の力を悪用する小市民の貪欲を次々知ることになる。また子馬時代の仲間ジンジャーが激務に耐えかねて死ぬのを目の当たりにする。プリンス自身は親切な主人に買われて、かろうじて命拾いをし、最終的にはそこで幸福な日々を送ることになる。

物語中ずっと、一人称で自分のことを話す青毛のプリンスは、1人の女性アンナ・シューエル（Anna Sewell）[2]の創作である。この英国婦人は、1820年ノーフォークで生まれ、生涯を動物保護に尽くした。この時代、馬が頻繁に犠牲となった動物虐待を告発するために『青毛のプリンス』を執筆した。彼女は6年を費やしてこの物語執筆の準備を入念に行った。しかし、本が出版されると、彼女は、たちまちその成果を手にする。世論を喚起し、ビクトリア女王時代の馬の飼育条件改善に大いに貢献したのが1つの勝利であった。A・シューエルはライフワークの作品の成功を見届けた後、間もなく1871年、この世を去る。素晴らしい『青毛のプリンス』を後世に残して。

1994年、キャロリン・トムソン（Caroline Thompson）が映画を製作したとき、必要に応じ青毛のプリンスの役になりきるクォーターホース。

遊び友達
Objets de jeu | 木馬と人形 (Chevaux de bois et figurines)

多種多様な遊び

馬は子供達の想像の世界の中で、選ばれた友人である。馬はどんな大胆なことでも可能にし、多種多様な夢をまとめ上げる。

馬は人間の生活の中で驚くほど重要なものであった。いずれにせよ、馬は遊びの世界に属していない。年代が進むにつれて、人形や想像上の作品の簡単なものから精巧なものまで、また大人向けにも子供向けにも同じように一群の傑出した遊びの中で馬は象徴的な姿で現れる。

エジプトでは、ポニーに跨った子供を示す釉薬のかかった土偶の小さな玩具が発見された。これはカエサルの時代のものである。スウェーデンでは、ダーラルナ（Dalarna）[1]原産の木材で作った小さな馬ダーラヘスト（Dalahast）には古い伝統がある。その起源は18世紀の木こりにさかのぼる。彼らは自分たちの子供に玩具として与えるため炉端でこれらの人形を作った。子供部屋で君臨している揺り木馬の他に、我々の国（フランス）には、回転木馬（子供や大人が絶えず回りながら上がったり下がったりするペンキ塗りの回転木馬）に跨ることができる広場を提供する町や村のお祭りがない。

チェスやトランプなどのような何人かで遊ぶゲームでは、馬は自分のポジションをもっている。アラブ人は、起源が非常に古い、おそらくインドと思われるチェス駒セットをスペインに持ち込んだ。その後、中世ではキリスト教国すべてに広まる。15世紀の末には、今日でも我々がよく知っているような駒の動かし方やルールが定められた。このゲームでは相対する2人のプレーヤーが使う駒の中のナイト（騎手）に有利な動き方が認められている。つまりチェスボード上でこれらのナイトは縦または横に2歩動く（2マスを移動）、さらに1歩曲がった地点に移動できる。ナイトは進路上で遭遇する他の駒の上を飛越することができる唯一の駒である。

プチ・シュヴォー（petits chevaux：小さい馬）の遊びはインド生まれの"すごろく（さいころによる）"のゲームである。インドでは"パチージ"[2]と呼ばれている。これは19世紀の末期に現在の形でイギリスに姿を現す。つまりインドの駒は馬に取り替えられるのである。そしてこれはリュドウ[3]と名付けられた。その爆発的流行は西洋双六[4]と肩を並べる。が、最も古いすごろくのゲームの1つに韓国のものがある。これはユンノリというもので、今日も同じやり方で、紀元前1000年以来このゲームが行われている。"馬"と呼ばれる4つ駒が円の中で十字にかたどられた経路の上を動き回る。ライバルをそこから追い出したものが勝者。

同じくトランプ遊びでも馬の姿が豊富である。トランプ札の起源はエジプトである。が、この説明には異論がある。ムーア人の占領時代にスペインを通ってヨーロッパに、またベネチアやロンバルディアの商人によってイタリア経由でヨーロッパに持ち込まれたというものである。フランスでは1370年以降に、その存在が証明されている。現存のような象徴的な馬が現れたのは、たかだか15世紀頃である。

このほか、我々のところまで騒ぎが聞

132

スカンジナビアのチェス駒象牙の騎手。9～10世紀製。

メリーゴーラウンドの馬は、子供達に最高の喜びを与え、その上がり下がりで人生の浮き沈みを映し出す。

こえてくる非常に古い遊びにサボと馬跳びがある。サボは短い鞭を使って独楽を回転させる遊びである。ルイ13世は頻繁にこの遊びに興じたと言われている。馬跳びは全く道具を必要とせず身体だけを使い、力とバランスが重要なグループ遊びである。つまり子供達にはそれぞれ役割があり、ある者は馬になり、他の者は騎手になる。騎手は馬を倒すことなくこれに飛び乗り、跨る。有名なガルガンチュア (5) の著者ラブレー (Rabelais) は、すでにこの遊びのことを語っている！

19世紀の初頭、ペガソスと称する遊びが行われた。これはゲーム台の上での賭博である。番号と神話の人物の絵が描かれた11のマス目があり、さいころ（複数）を振って当たれば金銭を受け取る。

20世紀になっても、伝統は消えることなく、おびただしい馬の賭博が花を咲かせる。自分の財産を注ぎ込む頑固者から、素晴らしいたてがみの夢のように美しい小柄の馬で全世界の小女に夢を与えるポリ・ポケットまで、またカエサル時代の戦車競争から三冠馬の近代競馬まで、馬は子供にも大人にも娯楽の対象となることをやめない。終わることなく……。

"王様"を意味するペルシャのシャーに由来するチェスのセットは全世界で使われている。

| 進化した馬 Chevaux du progrès | 蒸気機関車：馬力（Le cheval-vapeur）|

夢中で走る

グラスゴー‐アバディーン急行。イギリス、19世紀。

ス コットランドの機械技師ジェイムズ・ワット（James Watt）は、単に輝かしい発明者というだけではなく、交通に関する才能をもっていた。1769年、彼は最初の蒸気機関の特許を取得した。彼は"凝縮装置（condenser）"内の蒸気に含まれている熱の喪失を避けることができるシステムを考案した[1]。産業発展の時代が到来すると、J・ワットは工業上の必要に対処できる機械にするまで自分の発明を改良する。しかし、その効率を明らかにする必要があった。賢明な彼は、機械の効率を納得させるため、明白な指標を探し求める。そこで彼はその効率を1頭の馬の力と比較する。18世紀末には、一般に馬が利用されていた。したがって馬との比較・対比はそれほど説明を要しない。対比することによってこの革命的な機械が発揮する力を目で確かめることができる。2馬力は馬2頭の力に匹敵する。では、どのように？

1頭の馬の力[2]を評価するために、J・ワットは重輓馬が働いているロンドンのビール工場にでかけた。巧緻な測定によって、彼は馬の引っ張り力の値を算出した。このエンジニアは、その数値を1.5倍し、馬の力を75 kgw・m/sとして公表した。1頭の輓馬は1秒間に75 kgのものを1 m運ぶ能力があるというものである。

J・ワットのこの優れた指標は、間もなく他の分野にも採用されることになる。つまり、馬力は課税基準となり、自動車の課税のため考慮する計算の単位となったのだ。

"鉄の馬"は極西部地方[3]の平原の偉大な征服者である。これは多くの分野で馬に取って代わることになる。

134

進化した馬
Chevaux du progrès | フェラーリの馬 [1] (*Le cheval de Ferrari*)

世界で最も速い駿馬

イタリア勲位保有者 [2] は、フランチェスコ・バラカ（Francesco Baracca）の象徴的図柄、つまり後肢で立つ馬をレーシングカーのフロントグリルの飾りに採用する。

フェラーリ伝説。フェラーリの物語はすべて魅力的である。物語は、鉄とイグニッション（点火装置）でできた怪物のフロントグリル上に後肢で立つ青毛の颯爽たる駿馬から始まる。その起源は、第1次世界大戦にさかのぼる。青毛の駿馬は、イタリアの英雄パイロット フランチェスコ・バラカの戦闘機の胴体を飾っていた。何度も手柄を立てた後に、この戦う"黒いペガソス"は戦死した。

5年後に、戦争は終わる。1923年のことだ。エンツォ・フェラーリ（Enzo Ferrari）は、ラベンナ [3] のサヴィオ・サーキットの最初のレースで優勝する。彼はそこで亡きパイロットの両親エンリコ・バラカ（Enrico Baracca）伯爵夫妻に出会う。魅了された伯爵夫人パオリナ（Paolina）は、若いエンツォに自分の息子の象徴的な軍馬で彼の車を飾ることを提案し、「この馬はあなたにチャンスをもたらしますよ」と強く勧める。

フェラーリは、この貴族のプレゼントを頂戴し、バラカ家の象徴的図柄をオリジナルに忠実に再現し、両親から贈られたパイロットの写真とともに保存する。馬については、彼の町モデナ [4] の色である濃い黄色にしただけである。しかしながらこの気の短い馬が最も有名なレースで優勝するまで数年待つことになる。

1929年フェラーリのレーシングカーの馬が初めて私企業のあらゆる出版物や公文書に掲載される。ところで自動車は依然アルファ・ロメオに所属しており、その独自の雰囲気をもっていた。フロントグリルの飾りにフェラーリという有名な駿馬が現れるのを見るには1959年まで待つ必要があった。紙に描かれた象徴的図柄が厚さ3 mmでクロームメッキされた真鍮箔上に浮かび上がるまでには30年もかかるのだ。1963年になり、やっと浮き彫りモデルが試作されるまで、なんら進展はなかった。これが車に取り付けられたが、成功を収めることもなく、翌年以降、お蔵入りとなる。1964年に新しい馬が艶のあるアルミニウムで作られる。が、20年後の1984年に陽極処理された馬のデッサンが神話的テスタロッサに黒で刻まれる。

たてがみが風になびくその誇り高き駿馬をバックに再編成したレーシングカーフェラーリは我々に夢を与え続ける。

F1同様に考案されたF50。1955年のモデル、520馬力、最高時速325 km/h用の6段変速機をそなえている。

難解語彙集

あ

青毛：被毛、長毛共に黒色のもの。

芦毛：原毛色は、栗毛、鹿毛または青毛であるが、馬体全般に白毛が混生し、年齢が進むに従って白色の度合いを増すもの。

当て馬（Souffleur）：試情馬という。牝馬が交尾用の種牡馬を受け入れるかどうかを確認するため、発情している牝馬に近づける去勢していない雄馬。

一年子（Yearing）：競馬では"明け2歳馬"。1歳の純血種馬。

AQPS：純血種以外の馬を指す呼称（フランス語）。

か

カードル・ノワール（Cadre noir）：ソミュール国立乗馬学校の教官で構成されているグループ。

カーフ・ロービング（Calf roping）：騎馬で子牛を追いかけて、投げ縄でそれを捕らえるロデオ競技／能力検定の1つ。カウボーイはすぐに下馬して、子牛の四肢を縛り、一方、馬はロープ（投げ縄）をたるませることなく待機する。

下顎（Ganache）：頬と下顎骨の縁の間に位置する頭の部分を指す。

鹿毛（Bai）：被毛はおおむね褐色を帯びた赤色または褐色を帯びた黄色で、長毛および肢下部は濃淡にかかわらず黒色であるもの。

カブリオール（Cabriole）：起立動作。馬は地上からとび上がり、後肢をけ上げ、馬体を宙に浮かす。これは見事な"子ヤギの一跳び"である。

き甲（Garrot）：前肢の垂直線上にある胸椎の突出部を指す。全ての四足動物の背丈を正確に計る場所である。

騎座（Assiette）：騎手の鞍に密着した部位の姿勢を指す。良い騎座であれば如何なる状況でも馬上で平衡を保つことができる。

基準（Standard）：1つの品種を定義する性質の総体。

厩務員（Lad）：競馬馬を世話する厩務員。

去勢されていない（Entier）：去勢されていないが、繁殖用には使わない馬。

去勢馬（Hongre）：去勢された雄馬で、

繁殖用には使えない馬を指す。

近親交配（Consanguinite）：繁殖用馬間の親近性。父と娘、母と息子および兄弟と姉妹の交配は、形質を固定または強化するため、時おり行われる。しかしながら、近親交配により欠陥馬や虚弱馬が産まれることがある。

栗毛（Alezen）：毛色（被毛、たてがみと尾）が赤茶色1色の馬。

軍馬（Destrier）：騎士の（戦争または馬上試合用の）軍馬。その名は、従者がいつも右手で軍馬のくつわを取ったことからきている（古いフランス語のdestreは右手を意味する）。

形質：遺伝子の作用によって生物に伝えられる様々な肉体的・形態的な特徴。

軽種（Leger）：乗馬または軽輓馬。「重種」と称する重輓馬と対照的なタイプである。

系統樹：生物諸群間の進化、系統関係を系図状に図示したもの。樹木のような形になるので、E・ヘッケルにより名付けられた。

欠陥（Vice）：馬の精神的、肉体的あるいは行動上の欠陥。

血統（Sang）：品種の純度の度合い。純血の馬を純血種という。純血種に近い馬すなわち温血馬は純血の馬の多くの性格をもっている、つまり繊細で、熱情的、かつ気質が荒く、高貴な感じである。冷血馬は輓馬で、鈍感でおとなしい。

クールベット（Courbette）：起立動作。馬が折り曲げた後肢にのみ体重をかけ、立ち上がった姿勢から、曲げた後肢を使って前方にジャンプする。

組（Piquet）：同一騎手に属する馬の集団。ポロの競技者は通常6頭の馬を準備する。

鞍（Selle）：乗用馬と呼ばれる馬で、騎手を乗せることができる体型の全ての馬。

クラン：長毛（Crin）：たてがみや尾の毛。たてがみや尾が体毛よりもいっそう明るく白い場合は、洗われたクランと言われている。反対に、それらが黒い場合には焦げたクランと呼ばれている。

繋駕速歩競争（けいがそくほきょうそう）：競馬の1種目。2輪車に騎手が乗り、これを引く馬が速歩で疾走する競争で、速歩以外の歩法をとると失格になる。イギリスでは1度も行われたことがない。日本では、1968年限りで廃止された。ヨーロッパ諸国、アメリカでは人気がある。距離は1000m前後。

軽種（けいしゅ）：駈歩の得意な速度の速い馬で競馬や乗馬に使われる。体重は450～500kg。

牽引（Trait）：荷馬車などを引くための馬。通常、重輓馬という。

交配（Monte）：交配、種付。交配は種馬牧場で人間によって管理されている。

子馬（Foal）：1歳前の離乳後、間もなく2歳になる純血種の牡馬。

さ

雑種（Hybride）：2つの違った種、例えば馬とロバ、あるいは馬とシマウマのような2種類の交雑で産まれた動物。雄ラバはロバと雌馬でできた雑種である。

サドル・ブロンコ・ライディング（Saddle-bronc riding）：三つ編みのコードでできた端綱のついた鞍を置いたブロンコ（北米西部平原産の再野生馬）に、カウボーイが騎乗し、片手で端綱を持つ。

重種（Lourd）：農耕、馬車、荷馬車に使われる。体重は800kg～1トン。

収縮した姿勢（Air de manege）：調教のための訓練。基本馬術または初等馬術では、馬は自然の歩様で運動する。起立動作または高等馬術では、クールベット（馬が折り曲げた後肢にのみ体重をかけて立ち上がった姿勢から、曲げた肢を使って前方にジャンプする）、クルーパード（後肢をけ上げる姿勢）、カブリオール（馬が地上からとび上がり、後肢をけ上げて、馬体を宙に浮かす姿勢）などの躍乗を行う。

出自（しゅつじ）：でどころ、所出、うまれ。

スタッド・ブック（Stud-book）：各品種の馬の名前と血統が登録されている台帳。

ステア・レスリング（Steer wrestling）：ロデオの古典競技の1つ。その競技中、カウボーイと補佐役との間で若い雄牛を身動きできなくする。そしてカウボーイは馬からその牛の頭の上に飛び降りて倒さねばならない。

全身1色（Zain）：1本の白い毛も混じらない毛色。

ソオ・ド・ムートン（Saut de mouton）：ロデオ用ブロンコの特異な跳躍。背中を弓なりにし、肢を曲げず頭を前肢の間に入れ、乗り手を落馬させようとする。

総合馬術競技（Concours complet）：馬場馬術、野外騎乗、障碍飛越の3競技を含む能力検定／競技。オリンピックでは、第1日に馬場馬術、第2日に耐久競技、第3日に余力検定の障碍飛越の3段階にパスすること。耐久競技の内容は（1972年のミュンヘン大会の例）1）道路騎乗：3600mを15分で走る。2）障碍競馬場で12の障碍物を6分以内で走行飛越する。3）再度道路騎乗15120mを63分以内で走る。4）8100mの不整地に設置された35個あまりの障碍物を分速450mで走行飛越する。

側対歩（Amble）：同じ側の2肢を一緒に上げる特殊な歩様。ラクダの歩き方。柔らかい土地でもラクダは身体の平衡を保つため、この歩様を用いる。

ソルバ（Sorba）：アラビア騎兵の騎芸（ファンタジア）で競い合うチーム。

た

タイプ（Type）：1つの品種にかぎらず、特別な用途に使われる馬を定義する言葉。ポロポニーやハンターは品種を構成するのではなく、種々な馬から成り立っている。

脱毛部分（Ladre）：外見が人間の皮膚のように、唇と鼻孔の毛の生えていない皮の部分。脱毛部分は色素が沈着しない。ただし、アパルーサについては、色素が沈着した脱毛部分があり、この品種にとっては、外見上不可欠の証拠である。

種馬牧場（Haras）：馬の品種の繁殖を司る施設を指す。種馬牧場は、その任務が広範で、滅亡すると思われる品種の保護や純潔性の維持に貢献している。

種牡馬（Etalon）：去勢されていない繁殖用の馬。

チーム・ロービング（Team roping）：2名のカウボーイが投げ縄で若い牛を捕らえて動けなくするロデオの演技。カウボーイの1人が牛を地面にねじ伏せ、他方がその四肢を縛る。その間2頭の馬は牛の両側からロープ（投げ縄）で引っ張る。

月毛の馬（Isabelle）：毛色が明るい黄色で、たてがみと尾が黒の馬。

特殊歩法（Tolt）：アイスランド・ポニー独特の歩様。常歩と同じように、4テンポで歩く。時速40 kmで快適な乗馬が可能である。

トワゼ（Toiser）：身長計という目盛り付きの定規で馬の背丈を計る。

な

荷鞍（Bat）：家畜の背中に置く木製の台。荷物を運ぶときに使う。

ヌミディア人（Numides）：古代、北アフリカに住んでいたベルベル人。ヌミディアはカルタゴ（現在のチュニス付近）からモロッコに至る。

は

馬格（Conformation）：馬体全体の外観；馬体の均衡。

白斑（Balzane）：白い毛。前肢もしくは後肢の下部が全て白くなっている馬。

裸馬に騎乗（Bareback riding）：鞍や鐙を付けずに乗ること。ロデオ競技（荒馬を乗り回したり、投げ縄で牛を捕らえたりして競う）の1つ。この騎乗の間、カウボーイは勒や頭絡を使わず、掴まることができるのは腹帯に付けられた尾錠だけである。

パッサージ（Passage）：前肢を非常に高く上げながら行うリズミカルな短縮速歩。高等馬術の運動である。

パレード用馬（Palefroi）：パレードすなわち中世の騎士の儀仗馬を指す。この軽種の馬は側対歩で行進し、重種の軍馬に対比するものである。

半血種（Demi-sang）：純血種と他の品種を交配した品種。

繁殖用雌馬（Pouliniere）：専ら繁殖のために使用する雌馬。

ピアッフェ（Piaffer）：その場における収縮姿勢の速歩。前肢はパッサージより一層高く上げる。これは高等馬術で行う歩様である。

曳き馬：馬の左側で、頚の横に進行方向を向いて位置し、左手は手綱の一番遠い端を持ち、右手は合わせた両手綱の間に人差指を入れ馬の口から約15cmの所をもち、馬を前に動かす。特に激しい運動をした後、沈静運動として重要な働きをする。

被毛（Robe）：毛、たてがみおよび尾の総称。

鼻梁（Chanfein）：馬の目と鼻孔を含む顔の部分。

鼻梁白（Liste）：ある種の馬の額および鼻梁を飾る長い白のマーク。小さくて丸いのは星または白斑という。白マークが鼻先の方に流れていれば、「美しい顔」の馬と、また、白マークが唇の方に広がっていれば、「（馬が）嚢虫に侵されている」といわれている。

品種（Race）：同じ特質を持つ馬の集団。それらの血統は血統登録帳に記載されている。勿論、高級馬扱いされている。

牝馬（Jument）：4歳以上の成熟した雌馬。

歩法（Allure）：馬が移動するときの歩様を指す。基本的には3種類ある：1）常歩（最も遅い歩法、1分間に110 m：右後肢、右前肢、左後肢、左前肢の順に前に出す。4節）、2）速歩（通常、1分間に220 m：右後肢と左前肢、次に左後肢と右前肢が対になって前進。2節で動く。「斜対歩」という）、3）駈歩（最も早い歩法、1分間に340 m：右駈歩は、左後肢、右後肢と左前肢、右前肢の3節。左駈歩は、右後肢、左後肢と右前肢、左前肢の3節で前進）。その他、「側対歩」など特殊な歩法がある。

本格的調教の前段階（Debourrage）：若駒調教の初期の段階で、馬銜や鞍を置き、騎手を乗せるための訓練。

斑毛（Pie）：異なった2種類の色の毛色。その内1色は必ず白で、広い面積を占めている。

ブルターニュ、ノルマンディー地方にいた小格の乗馬（Bidet）：昔、多くの馬の品種改良に使われた太った背の低い馬。現在は、側対歩で歩き、駈歩をしない馬のこと。

ブル・ライディング（Bull riding）：怒り狂った雄牛に乗ること。ロデオで最も危険な競技。

兵站業務：兵員の輸送、軍需品、食糧の補給や戦傷者の後送、宿営などの後方業務。

ま

巻き乗り（Volte）：馬が描く円。馬体は円の蹄跡上で内側に軽く湾曲になること。

や

やせ馬（Haridelle）：やせて、外観の悪い馬。

横歩（Appuyer）：馬体をまっすぐ前に向けたまま馬を斜め前に進める。

ら

ルバード（Levade）：収縮した姿勢。収縮した馬が折り曲げた後肢にのみ体重をかけ、立ち上がる。

連銭芦毛：芦毛に灰色の斑のあるもの。

ロデオ（Rodeo）：アメリカ合衆国において、放牧家畜に焼印を押す際に行われる祭りに付けられた名前。語源はスペイン語。ロデオには6つのクラシック競技と女性騎手に開かれた競技がある。

わ

若い雌馬（Pouliche）：3歳以下の若い雌馬。

訳　注

P.6〜9　最も重要な征服
(1) Lascaux：フランス中西部、アキテーヌ地方、ドルドーニュ県にある洞窟。
(2) Suse：ペルシャ湾から内陸を南に約240km、イラン領。
(3) Ur：バビロニア南部。
(4) Kikkuli le Mittanien：『馬術論』ミタンニ人（Mittanien）のキックーリ（Kikkuli）の著作。楔形文字で書かれた世界最古の馬術書（京都産業大学馬術部創立四十周年記念「和駿第二号」）。ミタンニ王国：紀元前16〜14世紀に北メソポタミアに建国されたフルリ人の王国。
(5) rajput：インドのカーストの第2階級に属する"王族、武士"の子孫と称する北インド地方に多い種族。

P.12　ハンブルトニアン（Hambletonian）
(1) ジャスティン・モルガン（Jastin Morgan）の項（P.50）参照。
(2) 繋駕速歩馬は29〜37ポンド（約13.2〜16.8kg）の軽い2輪車を引いて、0.5〜1マイル（約805〜1609m）までの距離を速歩で走る。ヨーロッパやアメリカでは盛んに行われ、スタンダードブレッドという品種も用いられる。

P.14　ロケピンヌ（Roquépine）
(1) 速歩で軽い2輪馬車を引いて走る競走。"ハンブルトニアン"（P.12）の注も参照。
(2) ワンコ。
(3) イタリア製レーシングカー。フェラーリの項（P.135）参照。
(4) スウェーデン南部、カテガット海峡に臨む都市。

P.15　ゲリノット：エゾライチョウ（Gélinotte）
(1) イタリア北部の都市。

P.16　イデアル・デュ・ガゾー（Idéal du Gazeau）
(1) mon Saint-Michel：フランス、ノルマンディー地方南西部にある島。要塞化された修道院のある観光地。
(2) Vendée：フランス西部、大西洋に臨む。ヴァンデ県の県庁所在地。

P.18〜19　ウラジ（Ourasi）
(1) 同年齢馬の選抜競争。
(2) 欧州原産オミナエシ科の一年草。欧州ではサラダにする。

P.20　ユンヌ・ド・メ（Une de Mai）
(1) Vincennes：パリ東郊、南にヴァンセンヌの森が広がる。

(2) フランスの歌手、映画俳優。コミカルな庶民的な歌により、フォリ・ベリジェール（劇場）で大成功を収める。
(3) フランスのシャンソン歌手。「愛の賛歌」、「バラ色の人生」などを自作自演した。

P.21　エクリプス（Eclipse）
(1) Epsom（エプソム）：ロンドンの南方24km。
(2) 1リューは約4km。

P.22　マノ・ワー（Man o'War）
(1) faux départ：スポーツではフライング、競馬では無効発走のことをいう。

P.23　リボー（Ribot）
(1) classic race：イギリスで行われる競馬で、世界的な関心を呼ぶ次の5競争を指す通称。1000ギニー（約1600m）、2000ギニー（約1600m）、オークス・ステークス（約2400m）、ダービー・ステークス（約2400m）、セントレジャー・ステークス（約2900m）。出走馬は4歳。1000ギニーとオークスは牝馬のみ。2000ギニー、ダービー、セントレジャーを制した馬が三冠馬。日本では桜花賞（1600m）、皐月賞（2000m）、優駿牝馬（2400m）、東京優駿（2400m）、菊花賞（3000m）を指し、皐月、東京優駿、菊花賞を制した馬をイギリス同様三冠馬と呼ぶ。

P.24　ノーザン・ダンサー（Northern Dancer）
(1) sprinter：短距離馬。一般にヨーロッパでは1200m以下、アメリカでは1400m以下の距離を得意とする馬。
(2) coureurs du mile：一般に1マイル前後の距離を得意とする馬。1マイル＝1609.3m。
(3) chevaux classiques：一般に2400m以上を得意とする馬。

P.25　レンブラント（Rembrandt）
(1) pirouette：後躯を中心とした360°旋回。

P.26〜27　コランダス（Corlandus）
(1) 連載マンガ（Cabu著）の主人公、背の高い高校生。友人・教師などから理解してもらえない孤独な夢想家。校長の娘さんに気があるが、なかなか近寄れない。
(2) オーストリア人の有名なバレエダンサー。

P.28　アブドゥラ（Abdullah）
(1) Aix-la-Chapelle：アーヘン（Aachen）のフランス語名。ドイツ西部ノルトラインウェストファーレン州の歴史的都市。ケルンの西約70km。オランダ、ベルギーとの国境近くにある。

P.29　カリスマ（Charisma）
(1) all black：国際試合出場のニュージーランドラグビーチーム。
(2) Badminton：イギリス、イングランド南西部、エーボン県北東部の村。バドミントン競技の名はこの村に由来する。競馬でも有名。

P.30　ジャプル（Jappeloup）
(1) 馬名の"Jappeloup"はフランス語のほえる（japper）とオオカミ（loup）の合成語ではなかろうか？

P.33　ミルトン（Milton）
(1) ケンタウロスの項（P.106）参照。
(2) 腹部の激痛。便秘によるもので、運動不足、飼料のやりすぎ、繊維不足が原因。

P.34　アルクル（Arkle）
(1) 障碍競争：水濠、土塁、石垣など変化のある自然障碍を飛越するレース。
(2) 南アフリカ共和国北東部、トランスバール州中南部の町。ヨハネスブルグ北東約7km、ウィトウォータースランド北端の標高1700mの地点に位置する。

P.36　ラムセス2世の馬（Les chevaux de Ramsès II）
(1) temple de Louxor：上エジプト、ルクソールにある古代エジプトの主神アモンの神殿。
(2) Re＝Ra：エジプト神話の太陽神。
(3) Saqqarah：エジプトの地名。

P.38〜39　ブケファロス（Bucéphale）
(1) Bucephale：ビュセファル＝Bucephalus：ブケファロス。
(2) Thessalie：ギリシャ中東北部。西はピンドゥス山脈に限られ、東はエーゲ海に面する地方。
(3) Achille：トロイア戦争でヘクトルを倒すが、後にパリスの射た矢が踵に刺さって死ぬ。アキレス腱：急所。
(4) Diogène：ギリシャの哲学者（紀元前412年頃〜324年頃）。小ソクラテス学派のキュニコス派の代表的存在。

P.41　バラメール（Balamer）
(1) steppe：樹木の生えていない大草原。ロシア南西部、東欧南部、アジアの西部などに存在。
(2) Gaule：ガリア、ゴール：ケルト人が住んでいた地域にローマ人が与えた名。現在の北イタリア、フランス、ベルギー一帯に当たる。
(3) Huns：4〜5世紀にヨーロッパを侵略した

140

遊牧民。中国史の匈奴。
(4) チベット自治区の中央部にある湖で周辺には豊かな牧草地帯がある。

P.42 バビエカ（Babieca）
(1) le Cid Campeador：（ル・シッド・カンペアドール）。中世スペインの国民的英雄。ムーア人と戦い、バレンシアを攻略。通称エル・シッド。
(2) Castille：スペイン中央部および北部、メセタ高原を占める地方。
(3) Valence = Valencia：スペイン東部、地中海に臨む地方。1238年以降、ムーア人の王国であった。

P.43 マゼーパの馬（Le cheval de Mazeppa）
(1) Eugene Delacroix：ロマン派の画家。
(2) Theodore Chasseriau：画家、アングルの弟子。官能的な女性像を生み出す。
(3) Lord Byron：英国ロマン派の詩人。

P.44 エル・モルジロ（El Morzillo）
(1) N-Espagne は、1522年以降、メキシコがスペインの植民地となっていた時代の名前。
(2) Quetzalcoatl（ケツァールコアートル）のこと。古代メキシコ人によって崇拝された神。全身が羽毛で覆われた蛇の姿をしている。
(3) アパルーサの項（P.74）参照。
(4) conquistador/conquistadores（コンキスタドール／コンキスタドレス）：16世紀の初め新大陸を征服し、アステカ文明やインカ文明を滅ぼしたスペイン人。

P.46 コペンハーグ＝コペンハーゲン（Copenhague）
(1) ruade：後肢を蹴り上げること。クルパード（croupade）ともいう。

P.47 マレンゴ（Marengo）
(1) grenadiers：手榴弾を投げることが任務の精鋭部隊。

P.48 イリスXVI（Iris XVI）
(1) ギリシャ神話の虹の女神。
(2) Maisons-Laffitte：パリ北西郊、セーヌ左岸にある町。17世紀の城と競馬場がある。

P.51 ゴドルフィンアラビアン（Godolphin Arabian）
(1) standard・bred：繁駕速歩用に米国で育成されたトロッター（trotter）とペイサー（pacer）用の一品種の馬。
(2) アハル・テケ（L'akhal-téké）の項参照。

P.53 トリガ（Trigger）
(1) palomono：主に米国南西部産のアラブ系の肢の細い馬で、たてがみと尾が銀白色でその他の被毛がクリーム色または淡黄褐色。
(2) courbette：馬が後肢で立ち、前肢を腹の下に曲げた姿勢で後肢を使って前方にジャンプする。
(3) pas espagnol：馬が前肢をまっすぐにして前に出して歩く常歩。

P.56 プルジェワリスキーウマ（Le cheval de przewalski）
(1) Cevennes：フランス中央山地南東部の山岳地帯、最高峰はロゼール山（Lozere）：1699 m。国立公園。
(2) 2006年3月14日、NHK衛星放送で放映された"FRANCE 2"のニュースによると「これらプルジェワリスキーウマはモンゴルの自然に戻された」とのこと。
(3) NHK放映の"新シルクロード第三集草原の道、風の民"は「中国で40年前、野生馬が乱獲のため絶滅したので、政府が19世紀ロシアの探検家が連れ帰った野生馬の子孫を譲り受け、アルタイ山脈と天山山脈に囲まれたジュンガル盆地で保護・育成している」光景を映している。
(4) クリーム色。

P.58 フィヨルド（Le fjord）
(1) 北アメリカ東部森林地帯に住むインディアン。

P.59 ナンシャン（Le nangchen）
(1) チベット高原：南はヒマラヤ山脈、北はクンルン山脈とその支脈のアルトウン山脈、チーリエ山脈、東はホントワン山脈、西はカラコルム山脈に囲まれている。
(2) Xining：チベット語ではシリン（zi ling）。中国西北地方、青海省の省都。チベット高原の北東縁、黄河の流れる肥沃な盆地にある。
(3) 同じ側の前肢と後肢を同時に上げる特殊な歩様。

P.60 エミオン：アジアノロバ（L'hémione）
(1) ギリシャ名はヘミオノス（hemionos）。
(2) ペルシャノロバ。
(3) モーコノロバ。
(4) チベットノロバ。
(5) le Rannde Kutsh: the Rann of Kutch：インド西部グジャラト州のカッチ地方からパキスタン南部に広がる大塩性原野。雨期には大沼沢地となる。

P.61 ターパン（La tarpan）
(1) 偶蹄目シカ科に属する大型のシカの仲間。

P.62 ドゥルメン（Le dülmen）
(1) Westphalie：ドイツ北西部、ライン川とウェザー川の間の地方。

P.63 ポトック：ピレネー地方原産の馬（Le pottok）
(1) Basque：スペイン語ではバスコ（Vasco）、ヨーロッパ南西部、ピレネー山脈西部山麓からカンタブリカ山脈東部山麓に及ぶ地方。フランスとスペインの国境地帯でフランス領には約10～12万、スペイン領には約75万のバスク族が住んでいる。ベレー帽は、元はバスク、ハベレン地方の男性の帽子であった。
(2) ドイツ国家社会主義。
(3) 生後5年目の1月1日まで。

P.64 ムスタング（Le mustang）
(1) ももものつけね。

P.66 アハル・テケ（L'akhal-téké）
(1) 2006年1月25日放映のNHKテレビ・ルポ番組"世界：心の旅"「高橋源一郎氏のトルクメニスタン方面の旅行記」は、金粉をまぶしたようなアハル・テケの姿を映し出している。
(2) tsar(s)（仏）、czar(s)（英）：（帝政時代の）ロシア皇帝
(3) 1997年11月29日NHK放映の"少年の夢、砂漠の名馬・トルクメニスタン"を参照。

P.67 バシキール（Le bachkir）
(1) bachkirs：バシキール族は中央アジアの遊牧民文化でイスラム教徒、スンニ派。
(2) 中央ユーラシア・ステップ地方の遊牧民が馬乳を発酵させて造る。

P.68 シャイア（Le shire）
(1) Shire：イングランド中部諸州（特にCambridgeshire, Lincolnshire）産の大型で強力な荷馬、shire horseともいう。
(2) Wembley：ロンドンの郊外。

P.70 ミズリー・フォックス・トロッター（Le Missouri Fox Trotter）
(1) 通常の歩行に近い移動方法。前後左右に移動する場合、左右の肢を交互に動かさない＝ Grand Larousse en 5 vol.2 の解説。

P.71 アイスランド・ポニー（L'islandais）
(1) 快適かつ迅速な4テンポの歩様。馬は同じ間隔で四肢を進める。アイスランド・ポニ

141

―独特の歩様＝ *Grand Larousse en 5 vol.5* の解説。

P.72 チンコティーグ（*Le chincoteague*）
(1) pré salé："塩分を含んだ"の意味。

P.73 ミュール（*La mule*）
(1) fardot：雄ラバ：mulet。
(2) Poitou：フランスの西部地区。中心都市はポアティエ（Poitier）。

P.74 アパルーサ（*L'appaloosa*）
(1) P.44 エル・モルジロ注(4) 参照。
(2) nez-perces（仏）＝ pierced nose（英）：貝殻製の飾りをはさむため鼻に穴をあける習慣のあるアメリカ・インディアン。

P.75 アルデン馬（*L'ardennais*）
(1) Ardenne：アンデン山地。ベルギー東部からフランス北部国境にかけて広がる高原。

P.76 ブルトン（*Le breton*）
(1) 118年頃エルサレムの神殿守護のため、設立された修道会。
(2) ブルターニュ地方の旧家。アンリ公爵（duc de Henri 1579～1638）、将軍は新教徒を率いてルイ13世に対抗した。
(3) ブーロンネ地方原産の重輓馬。
(4) ペルシュ地方原産の輓馬。

P.77 ノルマンディーコブ（*Le cob normand*）
(1) コブ型馬、乗輓兼用馬。

P.78 クォーターホース（*Le Quarter Horse*）
(1) アメリカ北部やカナダでの晩秋・初冬の小春日和の空色。
(2) 品種ではなく毛色の一種。

P.79 ストックホース（*Le Stock Horse*）
(1) Nouvelle-Galles（仏）：New South Wales（英）：オーストラリア南東部の州。
(2) gallois（仏）：waler（英）。

P.80～81 アラブ純血種（*Le pur-sang arabe*）
(1) アジア南西部からアフリカ北東部までの総称。
(2) アラブ人がアフリカ大陸北西部につけた名称。「西」の意。モロッコ、アルジェリア、チュニジアを含む。
(3) イスラエル第3代の王。
(4) pharaons：古代エジプト王の称号。祭祀権と世俗的権利を併せもつ。

P.85 ハノーバー（*Le hanovrien*）
(1) Celle：ドイツ北部、ニーダーザクセン州の都市ハノーバーの北東約35 km。アラー川に臨む。

P.86 狩猟用馬（*Le cheval de chasse*）
(1) Gaulois（仏）＝ Celt（英）：古代ヨーロッパの中部と西部に住み、ローマ人がガリア人と呼んだ人種である。
(2) Chantilly：パリ北方の町。広大な森、競馬場、シャンティイ城などがある。

P.87 ブロンコ（*Le bronco*）
(1) 難解語彙集「ロデオ」参照。
(2) taurillon：交尾経験のない若い雄牛。

P.89 ポロポニー（*Le poney de polo*）
(1) 競技時間は7分30秒ずつ6回で、各回3分の休憩がある。
(2) 中南米在来の家畜の意。
(3) Assam：インド東北部の州。茶の大産地。
(4) Birmanie：現在のミャンマー。

P.90 アラビア騎兵の騎芸"ファンタジア"用の馬
（*Le cheval de fantasia*）
(1) ファンタジアで競い合うチーム。
(2) Maghreb：モロッコ、アルジェリア、チュニジアを含むかつてのフランス植民地地域。
(3) Numides：古代ローマ時代の北アフリカの王国、現在のアルジェリア北部。
(4) Getules：アフリカ北部を流浪した古代民族；前1世紀ローマにより滅ぶ。
(5) Berbere：北アフリカの山岳地帯や砂漠に広く分布するベルベル人。
(6) djellaba：北アフリカの男女が身につける長袖でフード付きの丈の長い服。

P.92 闘牛用の馬（*Le cheval de corrida*）
(1) picador：闘牛で馬上から槍で牛を突き、弱らせる役をこなす。

P.94 ソミュールのカードル・ノワール
（*Le Cadre noir de Saumur*）
(1) ソミュール騎兵学校存続時の指導教官グループ。現在国立馬術学院に所属。
(2) selle francais：フランス原産馬（ノルマン種）と英国純血種（アングロ）との交配種。
(3) フランス最後の国王。在位 1830～48。
(4) Cadre（カードル）＝幹部、noir（ノワール）＝黒い。
(5) croupade：前肢を地につけて後肢を蹴り上げる。
(6) cabriole：後肢立ちからの水平跳躍。

P.95 ウィーンのスペイン乗馬学校
（*L'école de Vienne*）
(1) オーストリアの王家（1278～1918）。1440年以来、神聖ローマ帝国皇帝を世襲、ネーデルラント、ハンガリー、ボヘミヤ、スペインの各王を輩出し、ヨーロッパ最大の名門。
(2) Trieste：イタリア北東部、アドリア海に臨む港湾都市。
(3) ルネサンス様式とバロック様式の間（1530～1600年）のイタリアを中心として全ヨーロッパで行われた芸術様式。
(4) levade：後肢を折り曲げたまま2本肢で立つ。

P.96～97 騎馬劇団ジンガロ
（*Le Théâtre équestre Zingaro*）
(1) ギリシャ神話の腰から上が人間の姿をした馬身の怪物。P.106 参照。
(2) 外見は馬に似ているが人間と同じ理性をもつ動物。P.125 参照。
(3) ケンタウロス族の一人。医術、狩猟、運動競技などに通じ、アキレウス、イアソンらを養育した。ケンタウロス族の項（P.106）。
(4) Chimère：ギリシャ神話ではキマイラ。ライオンの頭、ヤギの胴、蛇の尾を持ち、火を吐く怪獣。
(5) P.82 サラブレット参照。

P.100～101 白馬（*Le cheval blanc*）
(1) Verrochio（1435～88）：イタリアの画家でレオナルド・ダ・ビンチの師。
(2) Raphael（1483～1520）：イタリアの盛期ルネサンスの代表的画家。
(3) Perugin（1445頃～1523）：イタリアの画家。
(4) Mars：ローマ神話の軍神。
(5) Ares：ギリシャ神話の軍神。
(6) Cilicie：小アジア南東部、地中海沿岸にあった古代の国。
(7) ambroisie：ギリシャ神話：オリュンポスの神々の食物、永遠の生命を与える。
(8) Haut-Empire：アウグストゥスからコンスタンティヌスまでのローマ帝国。
(9) Kubilay Khan（1214～94）：世祖。モンゴル帝国第5代皇帝（在位1260～94）。モンゴル帝国を創設。

P.102 一角獣（*La licorne*）
(1) Talmud：ユダヤ教の律法や宗教的伝承、解説などを集めた書。
(2) Cluny：パリ5区ソルボンヌの向かいにある国立美術館。旧クリュニー修道院長パリ別邸を使用。中世美術の収蔵、展示にあてられている。
(3) cétacés：鯨類、クジラ目（クジラ、イルカ、シャチなど）の一種。
(4) civilisation sumerienne：古代バビロニア

南部の地方に世界最初の都市文明を形成。
- (5) モロー（1826〜98）：画家、象徴主義の代表者の1人。
- (6) ヴォルテール（1694〜1778）：文学者、啓蒙思想家。

P.104 ペガソス（*Pégase*）
- (1) ローマ神話のメルクリウス。商売の神。ギリシャ神話のヘルメスに当たる。
- (2) （1640〜1720）：ルイ14世様式の代表的彫刻家。宮廷彫刻家としてヴェルサイユ宮殿の装飾に従事。
- (3) オリンポス12神の1人：海、泉、地震の支配者：ポセイドンの項（P.10）参照。
- (4) 怪物メドゥーサを退治し、竜の腹中から救い出したアンドロメダを妻とした。
- (5) 色々な神の異名：怪物。
- (6) mont Hélicon：（ギリシャ神話）ムーサ達が住むとされたピエリア、ボイオティア地方の山。
- (7) 天馬ペガソスに乗って飛翔し、怪物キマイラを退治した。
- (8) 天界の主神。
- (9) Lycie：古代小アジア南西部の一地方。
- (10) ライオンの頭、ヤギの胴、蛇の尾をもち、火を吐く怪獣。
- (11) Indiens navajos：アメリカインディアンの南部の一主要部族。
- (12) ダイダロスの子、父の発明した翼で空を飛んだが、高く飛翔しすぎて太陽の熱で翼の蝋が溶け海に落ちた。

P.106 ケンタウロス族（*Les Centaures*）
- (1) ケンタウロス族の1人。医術、狩猟、運動競技などに通じ、アキレウス、イアソンらを養育した。
- (2) ゼウスの子。ギリシャ神話中の最大の英雄。
- (3) ラピテス族の王。ゼウスの怒りを買い、永遠に回転している地獄の火炎車に縛り付けられた。
- (4) ゼウスの妻。
- (5) Thessalie：ギリシャ中東北部、西はピンドゥトス山脈に限られ、東はエーゲ海に面する地方。
- (6) ギリシャ神話のウラノス（空）とガイア（大地）の子。ゼウスの父。
- (7) 狩猟の女神。ゼウスとレトの娘で、アポロンの双子の妹。
- (8) 多頭蛇。沼沢地レルナに生息し、1頭が切り落とされてもすぐ新しい頭が生え出てくる。ヘラクレスに退治された。

P.107 バリオスとグザントス（*Balios et Xanthos*）
- (1) Iliade：ホメロス作とされる全24巻の古代ギリシャの英雄の叙事詩（紀元前8世紀）。トロイア戦争を題材とするヨーロッパ最古の文学作品。
- (2) 暴風と死を司る女神。
- (3) トロイア陥落時、敵王プリアモスを討ち取り、敵将ヘクトルの妻アンドロマケを報償として手に入れる。
- (4) オリュンポスの神々の食物。永遠の命を与えるとされる。

P.108 トロイアの馬（*Le cheval de Troie*）
- (1) ユリシーズ（オデュッセウスのラテン語名）。イオニア海の小島イタケーの王。
- (2) 「アテナ女神への奉納」との銘が刻みつけてある。
- (3) トロイア戦争のギリシャ方の英雄で弓の名手。トロイアの王子パリスを射る。
- (4) Tenedos：エーゲ海。ダーダネルス海峡西側入り口に近い小島。
- (5) 最後のトロイア王。
- (6) スパルタ王妃で絶世の美人。トロイアの王子パリスに略奪され、これがトロイア戦争の原因となる。
- (7) 死んだアキレスの許嫁として犠牲になった。

P.110 ポセイドン（*Poséidon*）
- (1) 海の女神。
- (2) ゼウスとヘラの息子。ローマ神話のマルスに当たる。
- (3) Rhodes：トルコ南西岸、エーゲ海南東部にあるギリシャ領の島。
- (4) 生後5年目の1月1日までの牡馬。
- (5) ギリシャの都市アルゴスの王。テーベ征伐の7勇士の1人。
- (6) Thèbes：古代ギリシャ、ボイオティアの都市国家。アテネおよびスパルタと勢力を競って紀元前4世紀前半、エパミノンダス将軍の下で全ギリシャを支配するに至ったが、後にアレキサンダー大王の軍に滅ぼされた。

P.111 スレプニル（*Sleipnir*）
- (1) 北欧神話に登場する万物の神で戦争・詩歌・魔法・知能などを司る最高神。
- (2) アスガルドに住んでいるが、時には裏切って最も悪辣な敵対者となる。
- (3) 狼の姿をした怪物でロキの長子。
- (4) Asgard：アースの神々の国で障壁がめぐらされており12の神の住居があるという。
- (5) Yggdrasil：トネリコの大樹、宇宙樹、永遠に緑滴るもの—宇宙を支え、その根と枝は天界・地界・地獄にわたるという。

P.112 エポナ（*Épona*）
- (1) Celte：ヨーロッパの古代先住民族。インド・ヨーロッパ語族に属し、ゲルマン民族進入以前のヨーロッパを支配していた。
- (2) Downs：イングランド南部および南東部地方の低い丘陵地帯。
- (3) brocart：絵緯を用いて模様を浮織りした金銀糸入りの絹紋織物。

P.113 アル・ボラク：マホメットの馬（*Al Borak*）
- (1) 神意の伝達者の役割を負う天使。
- (2) ヒジュラ（hegire）：マホメットなどが迫害を逃れてメッカからメディナに移住した年。イスラム暦の紀元元年／キリスト紀元622年。
- (3) rajab：イスラム暦の7月。
- (4) （キリスト教から見て）異教的な。
- (5) 哲学や宗教で相反するまたは異なる教理教説を統合しようとする試み。

P.114 レオナルド・ダ・ビンチの馬（*Le cheval de Léonard de Vinci*）
- (1) イタリアの傭兵隊長：1401〜66年、スフォルツァ家はルネサンス期のミラノの支配者の家系。
- (2) 習作。

P.115 ブレダの開城（*La Reddition de Breda*）
- (1) オランダ南部の都市。
- (2) palais du Buen Retiro：フェリペ4世がマドリードに建てた宮殿。

P.116 ロザ・ボヌールの作品（*L'œuvre de Rosa Bonheur*）
- (1) フランスの画家、彫刻家。彼女の素朴な動物画はフランス、イギリス、アメリカ合衆国で大好評を博す。女性として最初のレジオン・ドヌールの最高勲章が授与された。
- (2) Légion d'Honneur：勲章。1802年ナポレオン1世が創設。軍人、民間人を問わず国家への功労者に授与される。
- (3) daguerréotype：銀盤写真術。

P.117 サーカスの場面（*Des scènes de cirque*）
- (1) Tarn：フランス南西部、中央山脈とアキテーヌ盆地にかけて広がる。
- (2) Albi：県庁所在地。
- (3) expressionnisme：現実の再現的描写ではなく、主観的な見方に支えられた傾向を言う。

P.118 迷える競馬騎手（*Jocky perdu*）
- (1) surrealiste：超現実主義支持／信奉者。

P.119 アポロンの池（*Le bassin d'Apollon*）
- (1) ギリシャ神話：太陽神。ゼウスとレトの息子、アルテミスの双子の兄、音楽、詩歌、

予言、医術、牧畜などを司り、知性と文化を象徴する。
(2) イタリア出身の彫刻家でフランスに帰化。ル・ブランのデッサンに基づいて、ヴェルサイユの彫像を多数制作。
(3) triton：ギリシャ神話に登場する。半人半魚の姿で海馬に乗り、ほら貝を吹き鳴らして海を鎮める。
(4) フランス式平面幾何学庭園。
(5) 緑の絨毯と呼ばれている芝生の広場。
(6) Grand Canal：大運河。
(7) Marly：パリ西郊、セーヌ左岸の町。
(8) ルイ14世の命でマンサールが建てたマルリ城の装飾の馬。

P.120 モンテ・カヴァロの馬 (*Les chevaux de Monte Cavallo*)
(1) ギリシャ神話のゼウスの息子達の意。ゼウスとレダとの間に生まれた双生神、カストルとポリュデウケスを指す。漁師や航海者の守護神。
(2) Régille：古代ローマ発祥の地イタリア中部ラティウム地方のレジル湖畔でディオスクロイの助けによってローマ人は、紀元前499～496年の間ラティウム地方に住んでいたラテン人の反乱を鎮圧した。

P.121 サン・マルク広場の並列4頭立て2輪戦車 (*Le quadrige de la place Saint-Marc*)
(1) 太陽神ヘリオスの巨像。
(2) Sicyone：ギリシャ南部コリント付近の古都。
(3) アレクサンドロス大王の宮廷彫刻家。
(4) Byzance：ビザンティン帝国の首都が置かれ、コンスタンティノポリスと改称された。

P.122 アンリ4世の騎馬像 (*La statue équestre d'Henri IV*)
(1) 年がいもなくすぐに女に言い寄る年輩の色男：アンリ4世のあだ名。
(2) Pont-Neuf：シテ島の西、セーヌ川に架かる橋、現存するパリ最古の橋。
(3) ベアルン地方の人。アンリ4世の別名。
(4) 狂信的なカトリック教徒、四つ裂きの刑に処された。
(5) la Henriade：アンリ4世を題材とした叙事詩『アンリ大王賛歌』(1723)。ヴォルテールはこれを契機に宮廷詩人として世に出る。
(6) プロテスタンチディズム

P.124 ロシナンテ：ドン・キホーテの愛馬 (*Rosinante*)
(1) ドン・キホーテのこと。
(2) マンチャ (Mancha) はドン・キホーテの出身地。彼のあだ名はマンチャの騎士。
(3) Castille：スペイン中央部および北部メセタ高原を占める地方で、10～15世紀に王国を形成、中心都市はマドリード。
(4) Barbarsques：アフリカ北西部の海岸地方の住民。
(5) 元来、スペイン中部のカスティーリャ地方の方言だが、現在スペイン本国の標準語。

P.125 フーイヌム族 (*Les Houyhnhnms*)
(1) 馬の鳴き声の「ひひん」から、アイルランド生まれのイギリスの文人・風刺作家スイフトが考え出した造語。外見は馬。人間と同じ理性をもつ。
(2) Lilliput：小人国の名称。
(3) アイルランド生まれの英国の文人・風刺作家。
(4) フーイヌム族に仕える人間の姿をした動物。獣のような粗野な人。

P.126 ジョリー・ジャンパー (*Jolly Jumper*)
(1) 快速帆船の最上部特設横帆の上方にかけ、軽風のときだけ使用する帆の意。
(2) Poney express：1860～61年、米国で行われた小馬速達便。
(3) フランスの出版社、1943年設立、パリ、マンガ専門。
(4) Spirou：1938年挿し絵画家ロブ・ベルが創作したマンガの英雄。この画家が週刊誌にこの英雄の名を付けた (1938)。
(5) 劇画、漫画。

P.127 長くつ下のピッピ (*Le cheval de Fifi Brindacier*)
(1) スウェーデンの女流童話作家。第1回ニルス・ホゲンルッソン賞、国際アンデルセン大賞などを受賞。

P.128 ポリ (*Poly*)
(1) 次項 "クラン・ブラン" を参照。

P.129 クラン・ブラン (*Crin blanc*)
(1) たてがみと尾が白い馬のこと。
(2) Camarque：南仏ローヌ河口のデルタ地帯のこと。主な産業は牧畜、製塩、米作。

P.130 トルネード (*Tornado*)
(1) フランス語圏アフリカで旋風。米国で発生するトルネードは竜巻。

P.131 青毛のプリンス (*Prince noir*)
(1) 20世紀。
(2) イギリスの女流作家。児童文学の傑作『黒馬物語』(Black Beauty, the Autobiography of a Horse, 1877) で有名。

P.132 木馬と人形 (*Chevaux de bois et figurines*)
(1) Dalarna：スウェーデン中部にある地方。ノルウェーの山地からボスニア湾に臨むイェブレ付近に至る渓谷地域。オオムギ、ハダカムギ、根菜の栽培が盛ん。
(2) pachisi：インド双六。タカラガイ (cowrie) の貝殻を振って十字型の盤上で駒を進める4人用の昔のゲーム。
(3) ludo：さいころと数取りと盤面を用いてする一種のさいころ遊び。
(4) ジュ・ド・ロワ (jeu de l'oie)：2個のサイコロを用いる絵双六の一種。
(5) ラブレーの「第1の書ガルガンチュア *Vie inestimable du Grand Gargantua* (1534)」の主人公。

P.134 蒸気機関車：馬力 (*Le cheval-vapeur*)
(1) 火力機関の蒸気と燃料の消費を軽減させる分離凝縮器を発明した。
(2) 馬力：仕事率（工率）の実用単位。2つに大別される。①仏馬力：メートル法による馬力。記号はPS。②英馬力。記号はHP。1HP = 1.0144PS。
(3) 米国、ロッキー山脈以西太平洋岸一帯の地方。

P.135 フェラーリの馬 (*Le cheval de Ferrari*)
(1) 1929年エンツォ・フェラーリがモデナで設立した自動車製造会社。
(2) Commendatore：イタリアの勲位。またはその勲位の保有者。
(3) Ravenne：イタリア中北部アドリア海に臨む都市。402年西ローマ帝国の首都。
(4) Modène = Modena：イタリア北部の都市。自動車、農業機械・器具などの生産が盛ん。

訳者あとがき

慈楽号に騎乗し、中障碍を飛越する学生時代の訳者（1950年）。

　本書をひもとくと、表題の「伝説の馬100頭（100 Chevaux de légende）」の通り、馬の歴史上、多岐にわたる分野で、選ばれた馬100頭の個別の馬ないし品種を通して、馬と人間の相互扶助について、得難い情報がたくさん盛り込まれていることに気がつく。

　その内容は、チャンピオンとして、世界の競馬場で活躍した脅威的な競馬馬や繋駕速歩馬と勝利を共にした騎手や調教師との関係、オリンピックやそのほか国際的な馬場馬術とか障碍飛越の競技で優秀な成績をおさめた馬と友情を分かち合った選手たち、また歴史的に勇名をとどろかせた勇猛な馬と当時の英雄や豪傑、さらに現在我々の生活を潤してくれている幾多の馬の祖先や野生馬として人知れず静かに生息している馬、一芸一能に秀でた特殊なタイプの馬、スポーツの分野において、力量を発揮している幾多の馬の品種、芸術的な馬術で世界的に名を馳せるエリート校、神話の世界、北欧や特にギリシャ・ローマの神話の中でめざましく活動した馬と神々のドラマ、そのほか馬を題材にした絵画や彫刻の芸術作品、文学的著作物や小説の主人公として取り上げられた馬、映画の主役に抜てきされ、観客を勇気づけた馬、ゲームや玩具に姿を変え、今も老若男女を問わず、娯楽を求める人達を楽しい世界に導いてくれている馬、さらに機械文明の発達の土台として貢献した馬の実情など、枚挙にいとまがない。

　人類以外の動物で、我々人間の生活に、直接、これほど役に立ってくれている動物が他にあるだろうか。この本には、馬と人間のかかわりの全貌が分かっていただけるだけの情報が、盛り沢山に含まれている。ここに描かれている馬、1頭、1頭を通じて、馬が人間に如何に奉仕してきたか、また人間が馬の生存にどのように貢献してきたかを知ることができる。いつの時代でもそうであったよう

宇治、金鈴会にける関西大学馬術部合宿訓練。
前例左端：今村安先生、後例左端：訳者（1949年）。

に、今後とも馬は我々の僕であると同時に、掛替えのない友人であることを忘れてはならないと思う。

　ここで指摘したいことが一つある。それは1988年に行われたソウル・オリンピックの大賞典障碍飛越競技で、フランスのピエール・ドュラン選手が「ジャプル」に騎乗し、優勝したとある。が、75年前、日本の馬と選手が金メダルを射止めていたことが、忘却の彼方に追いやられてしまったのではなかろうかと危惧するので、ここで「伝説の馬」として取り上げたい。1932年、第10回ロサンゼルス・オリンピックの大賞典障碍飛越競技でウラヌスに騎乗された西竹一氏（当時陸軍騎兵中尉）が見事に優勝された。これにはエピソードがある。私が関西大学の馬術部に在籍中、京都は宇治の金鈴会で合宿訓練が行われた。その際、我々は今村安先生から馬場馬術、障碍飛越（イタリー方式）及び高地騎乗のご指導を受けた。これに加え、合宿期間中、毎日、2時間にわたり馬に関する講義で、先生から次のお話を伺った。「西中尉はロサンゼルス・オリンピックの大賞典障碍飛越の競技で、出番を待つ間、観客の歓声などで興奮のるつぼと化した競技会場の雰囲気を感じとり、自分の馬は神経質でとても落ち着いて走行できないと判断され、急遽、騎乗馬を図太い神経の持ち主ウラヌスに変更された。ウラヌスは無失点で完走し、立派に優勝した。これでも分かるように、馬術では馬が主役で、それには調教が極めて重要である。」と馬の調教の大切さを強調された。万一、西中尉が何らかの故障で騎乗できない場合には、今村安先生がウラヌスで出場される予定だったそうである。銀蹄拾遺（学生馬術今昔）第Ⅹ部　京大馬事史略（荒木雄豪編）には、「今村安先生（陸軍士官学校25期）は1929～1931年にヨーロッパに、またイタリア騎兵学校に留学された。帰国の際、ソニーボーイ（イギリス）、ウラヌス、ファーレーズの3頭を購入、イタリア馬術方式を本格的に騎兵隊に導入された経緯がある。1945年3月22日、西中佐は硫黄島で戦死（享年42歳）され、同年2月28日「ウラヌス」は獣医学校病馬厩で26歳で死亡（老衰）した」との趣旨のことが記されている。オリンピック会場でウラヌスと共に日章旗を掲げられた西竹一氏が硫黄島で花と散っていかれたことは、誠に残念である。馬術の目的は競技会で成果をあげるだけではないが、近い将来、大大先輩に続き、オリンピックで賞を手にし得るだけの馬と選手が現れることを期待してやまないのである。

　私は現在まで、「乗馬の愉しみ」と「乗馬の歴史」を邦訳したが、前者は馬術の訓練ないし調教に関する解説書であり、後者は馬と人間のかかわりを説明した本で、言うなれば、技術的なことが多く

神奈川県馬術競技場にてリムリック号に騎乗する訳者（2006年）。

含まれているので、原文から離れることなく翻訳したつもりであるが、今回の「伝説の馬100頭」は各馬の項目には神話や小説、映画なども含まれ、全般的に内容が物語り風なので、訳文も読みやすさを優先したのでそれなりに手心を加えたことをご了承いただきたい。

　本書の翻訳に際しては、馬術界の現状を充分把握していない私にとって、知っておきたいことについて、いろいろ相談に乗って下さった、エクウス・ライディング・ファームの元インストラクター鳥山麻紀氏（北里大学馬術部在学中、当ファームの上原先生ご夫妻に師事、その後、JRA馬事公苑で篠宮寿久海、村上一孝両先生の薫陶を受ける）のご意見を参考にさせていただいたことと、私が戦前の国語教育を受け、その影響で、変化していく漢字、仮名遣いを含め、日本語の書き言葉に充分ついて行けないところを補いながら、本書出版にご尽力下さった（株）恒星社厚生閣、片岡一成氏のご両名に心から感謝する次第である。

2007年2月5日

吉川晶造

索 引

検索項目については、太文字数字のページで詳しく説明しており、それに関する挿絵は斜体数字のページで参考に供している。

アイスランド・ポニー 71
アイリッシュ輓馬 86
アイルランド 71, 85
アイルランド・グランド・ナショナル 34
青毛のプリンス **131**, *131*
アキレウス 38, 106, 107, *107*, 108
アッサム 89
アッティラ 41, *41*
アハル・テケ種 8, 51, **66**, *66*, 81, 97
アパルーサ 44, **74**, *74*
アブドゥラ **28**
アポロン 108
　――の池 119, *119*
アメリカ 23, 24, 28, 44, 45, 50, 64, 70, 73, 74, 76, 78, 81, 86
　――賞 14, 16, 18, 20
アラブ純血種 8, 70, **80-81**, *81*, 83, 84, 97
アラブ-バルブ馬 90
アラン・エメリー 129
アル・カポネⅡ **35**, *35*
アル・ボラク 81, **113**, *113*
アルクル **34**, *34*
アルテル-レアル 92
アルデン馬 **75**, *75*, 76
アレイオン 106, 110
アレキサンダース・アブダラ **13**, *13*
アレクサンドロス大王 38, *38*, 39, *39*, 124
アレス（軍神） 100, 110
アングロ・アラブ 83, 94
アンダルシア種 89, 92, *93*, 97
アンフィトリテ 110, *110*
アンリ・ド・トゥールーズ・ロートレック 117
アンリ4世 122, 123, *123*
　――の騎馬像 **122-123**
イギリス 29, 47, 68, 69, 81, 101, 112, 125, 132
イタリア 16, 23, 41, 121, 132
一角獣（ユニコーン） **102-103**, *103*
イッソスの戦い 38
射手座 106, *106*
イデアル・デュ・ガゾー **16-17**, *16*, 19
イリスⅩⅥ **48-49**, *49*
イワン・ステパーノビッチ・マゼーパ 43, *43*
インキタトゥス **40**, *40*
インド 38, 60, 79, 89, 100, 103
ウィーン 47
　――のスペイン乗馬学校 33, 94, **95**
ヴィクトワール・ダン・テーベ 36
ウェスタン騎乗 50
ウェラー 79
ウェリントン 46, *46*
ヴェルサイユ宮殿 119
ヴォルテール *103*, 123
ウクライナ 8, 43, 61
ウラジ 15, 17, **18-19**, *18*, *19*, 51
エクリプス 21, 23, 46, 83
エジプト 38, 47, 81, 90, 132
エポナ **112**, *112*
エミオン（アジアノロバ） 6, **60**, *60*
エル・モルジロ 44, 45
エルサレム 113
エレクショニア 12
エンツォ・フェラーリ 135
オーガスト・ベルモント2世 22
オーストラリア 65, 79
オスカー・フングスト 52
オックスフォード 33
オデュッセウス 108, 109
オナガー 60
オランダ 85
オルビエタ神父 45
オルロフトロッター **84**, *84*

凱旋門賞 23
回転木馬（メリーゴーラウンド） 132, *133*
カスティーリャ 42
カストル 120, *120*
カスピ海 66
カッチ湿地帯 60
ガデシュの戦い 36, 37
カナダ 24, 28, 74
カラクム砂漠 66
カリグラ 40, *40*
カリスマ **29**, *29*
ガリバー旅行記 96, 125
カルル12世 43
カルル大公 95
カロリン・ブラッドリ 33
キエフ 43
キクソス族 81
騎馬劇団ジンガロ **96-97**
騎馬人キックーリ 8
騎馬闘牛 92, 93
キャロリン・トムソン 131
ギリシャ 38, 73, 110
キング・ジョージⅥ＆クイン・エリザベス・ステークス 23
クイリナル広場 120
クーラン 60
クール 60, *60*
クォーターホース **78**, *78*, 79, 87, 131
グザントス 107
クセノフォン 8
クナーブストラップ 127, *127*
クリオロ 89, *89*
クリストファー・コロンブス 64
クリュサオル 104, 110
グロヴナー将軍 46
クロード・トンプソン 74
クロスカントリー 28
クロノス 106, 110
ケイロン 96, 106, *106*, 107, *107*
ゲリノット **15**, 18
ケンタウロス 33, 38, 96, 97, **106**, *106*, 110
ケンタッキー・ホース・パーク 73
国土回復運動 42
コクラニ種 51
コスム1世 122
ゴドルフィンアラビアン 12, 21, 46, **51**, *51*, 82
ゴドルフィン卿 51
コペンハーグ 46, *46*
コランダス **26-27**, *26*, *27*
コルテス 44, 45, *44*

ザ・ハーグ・ジュスラン賞 35
サパテロ 92
サマルカンド 66
サムエル・リドル 22
ザモイスキ伯爵 61
サラブレッド 46, 51, 65, 78, 81, **82-83**, *82*, *83*, *83*, 93, 94
サン・シル陸軍士官学校 48, 49
サン・マルク広場 **121**
三冠馬 22, 133
サンクトペテルブルク 9
ジェイムズ・ワット 134
シェトランド 69, 72, 128
シッド・カンペアドール 42, *42*
シノン 108, 109
シャイア **68**, *68*
ジャギャ 81
ジャスティン・モルガン 12, **50**
シャトルー 92
ジャプル **30-31**, *30*, *31*, 33, 51
シャルル10世 37

シャルルマーニュ 9
ジャン・コクトー 105
ジャン・バティスト・チュビ 119
シャンティイ城 9, *9*, 86
シャンパーニュ地方 75
ジャン・ルイ・プピオン 20
ジャン・ルネ・グジョン 18, 19, 20
シュガー・ダンプリング 69
狩猟用馬 86
純血種 35, 89
障碍飛越競技 28, 29, 32, 50, 85
蒸気機関車 **134**
乗用馬 58, 70, 84
ジョージ・ウィルクス 12
ジョナサン・スウィフト 125
ジョリー・ジャンパー **126**
ジョン・ホイテーカー 33, *33*
シリア 36, 60, 81, 90
シルク・カット・ダービー 32
ジンガロ 96, *96*, 97
スウェーデン 14, 16, 43, 127, 132
スコットランド 71, 128
ステープルチェイス 34, 35, 83
ストックホース 79
スペイン 42, 46, 63, 76, 80, 90, 132
　――の小型の馬 9, 74, 92, *92*
スレプニル **111**
西部 78, 134
ゼウス 45, 105, 106, 120
世界チャンピオン 28, 30, 32
ソウルオリンピック 25, 29, 31
ソミュールのカードル・ノワール 9, **94**
ゾロ **130**, *130*
ソロモン 81

ターバン 6, **61**, *61*, 62
ダーレーアラビアン 21, 46, 51, 82
太平洋賞 18
タヒ 56
ダブリン 34
ダル・エヴァンズ 53
ダレイオス王 38
チェス 132, *133*
チェルテナム 34
チベット 59, 60, 89
チャールズ2世 82
中国 89, 103, 105
チンギス・ハン 7, 9, 60, 88, 100
チンコティーグ **72**, *72*
ディエゴ・ベラスケス 115, *115*
ディオスクロイ 120
ディクテーター 12
ディスター **32**, *32*
テーベ 37, 110
テオドル・ゲリコール 83
テッサリア 38, 106, 107, 110
デメテル 107, 110
デンマーク 127
ド・ゴール将軍 48
ドイツ 26, 28, 62
トイホース 69
闘牛用の馬 **92-93**
ドゥルメン **62**
ドラクロワ 43
トリガ **53**, *53*
トリノ 14
トルコ 73
トルネード **130**, *130*
トロイアの馬 **108-109**
ドンキホーテ・デ・ラ・マンチャ 124, *124*

長くつ下のピッピ **127**, *127*
ナポレオン　46, 47, *47*, 75, 121, 123
ナンシャン　**59**, *59*
ニコラス1世　9
ニコル・ウプホフ　25, *25*
日本　76
ニューヨーク　14, 16
ヌミディア人　90
ネオプトレモス　107, 108
ネプチューン　110
ノーザン・ダンサー　**24**, *24*, 51
ノーフォーク・ロードスター　76
ノルウェー　58, 71
ノルマンディーコブ　**77**

ハートウイッグ・スティーンケン　32
バイアリータルク　51, 82
バイロン卿　43
白馬　**100-101**, 110
バシキール　**67**, *67*
バスク地方　63
バチカン　40
ハドリアヌス　40
ハノーバー種　32, 62, **85**, *85*
ハピー・メディアム　12
バビエカ　**42**, *42*
ハプスブルク家　95
バラメール　**41**, *41*
パリ　16, 122
　── ・マスターズ　31
ハリウッド　53
バリオス　**107**
バルセロナオリンピック　25
バルタバス　43, 96, 97, *97*
バルブ種　51, 89, 90, *91*
パレスチナ　90
バレンシア　42
パロミノ種　53, 78
パンジャブ　39
ハンブルトニアン　**12**, *12*, 23
ピエール・デュラン　31
ビザンティウム　121
ピョートル大帝　43
ファラベラ　**69**
ファンタジア　90, 91
　──用の馬　**90-91**
フィギュア　12, **50**, *50*
フィヨルド　**58**, *58*
フィレンツェ　122
フェデリコ・テシオ　23, 24
ブエノスアイレス　69, 89
フェリペ4世　115
フエンサリダ神父　45
ブケファロス　**38-39**, *38*, *39*, 124
ブズカシ　**88**, *88*
フビライ・ハン　100, *101*
フランス　63, 80, 85, 121
　──賞　18
　── ・チャンピオン　30
フランソワ・ド・メディシス　122
フランチェスコ・バラカ　**135**, *135*
ブランビ　**65**, *65*, 79

プリアモス　108, 109
ブルー・グラス・ステイクス　23
ブルゴス　42, 47
プルジェワリスキーウマ　6, **56-57**, *57*, 58, 62
プルジェワリスキー大佐　56
ブルトン　**76**, *76*
ブロンコ　**87**
ペガソス　15, 45, 56, **104-105**, *104*, *105*, 110, 133
ヘクトル　107, *107*
ペドロ・デ・メンドサ　89
ヘネシー　34
ベネチア　121
ヘラ　106, 107
ヘラクレス　106, 108, 110
ベルギー　118
　──賞　18
ペルシュロン種　65, 76, 97, 116
ペルセウス　104
ヘルメス　104
ベルリン・ワールドカップ　28
ベレロフォン　105, *105*
ヘロドトス　61, 75
ポーランド　43
ポール・ショッケメーレ　32
ポセイドン　104, 107, 109, **110**, *110*
ポトック　**63**, *63*
ポニーゲーム　58
ホメロス　38, 107
ポリ　**128**, *128*
　── ・ポケット　133
ポリュデウケス　120, *120*
ホルシュタイン種　26
ポロポニー　89, **89**
ホンジュラス　44

マーク・トッド　29, *29*
巻き毛　96
マグレブ　80, 90
マサチューセッツ　50
マドリード　114
マニプル王国　89
マノ・ワー　**22**, *22*
マホメット　8, 81, 90, 113, *113*
迷える競馬騎手　**118**, *118*
マリー・ド・メディシス　122
マルギット・オット-クレパン　26, 27
マルコ・ポーロ　101
マルス（軍神）　100, *100*, *101*
マレンゴ　**47**, *47*
ミアーフェルダー・ブルッフ　62
ミシシッピ州　70
ミズリー・フォックス・トロッター　**70**, *70*
ミニチュア馬　69
ミュール　**73**
ミュンヘン　14
ミルトン　**33**, *33*, 51
ムーア人　42, 80, 90
ムスタング　**64**, *64*, 67
女神エオス　105
メキシコ　44, 74
メッカ　113

メドゥーサ　104, 105, 110
メネラオス　108, 109
モーリス・ド・ベベール　126
モスクワ　66
モデナ　15, 135
モルガン種　12, 50, 70
モンゴル　8, 56, 60
モン・サン・ミシェル　16, 17
モンタナ州　64
モンテ・カヴァロ　**120**

ヤン2世カジミエシ　43
ユリウス・カエサル　75
ユンヌ・ド・メ　19, **20**, 84
ヨーロッパ賞　18
ヨーロッパ・チャンピオン　16, 30
預言者　105, *113*

ラ・ホリ大尉　48, 49
ラオコーン　108
ラッキー・リューク　126
ラムセス2世の馬　**36-37**, *36*, *37*
利口者のハンズ　**52**, *52*
リチャード1世　9
リチャード3世　9
リビア　90
リピッツァ種　94, 95, *95*
リボー　21, **23**, *23*, 24
リュドウ　132
リリパット　125, *125*
ルイ・アンリ・ド・ブルボン　9
ルイ・フィリップ　94
ルイ13世　123, 133
ルイ14世　119
ルイ15世　51
ルイ18世　123
ルイス・J・サットン　13
ルシタニア　92, *92*, 93
ルネ・ゴッシーニ　126
ルネ・マグリット　118, *118*
ルノー　9
レオナルド・ダ・ビンチ　**114**, *114*
レクレール・ド・オートクロック元帥　48, *48*, 49
レクレオ・デ・ロカ牧場　69
レンブラント　**25**, *25*
ロアン家の騎士　76
ロイ・ロジャーズ　53, *53*
ロードス島　110, 121
ローマ　14, 40, 73, 112, 120
ロケピンヌ　**14**, *14*, 19, 84
ロザ・ボヌール　**116**, *116*
ロサンゼルスオリンピック　29
ロシア　47, 73
ロシナンテ　**124**
ロット将軍　9, 94
ロデオ　87

ワーテルローの会戦　46
ワイオミング州　64

Adresses utiles

École nationale d'équitation (ENE) de Saumur
Route de Terrefort – 49400 Saint-Hilaire-Saint-Florent
– Informations, visites : tél. 02 41 53 50 60
– Cadre noir de Saumur : tél. 02 41 53 50 50

Mémorial Leclerc – Jardin atlantique
23, allée de la Deuxième – DB – 75015 Paris
Tél. 01 40 64 39 44

Musée vivant du Cheval
7, rue du Connétable – 60500 Chantilly
Tél. 03 44 57 13 13

The National Museum of the Morgan Horse
PO Box 700 – Shelburne
Vermont 05482, États-Unis
Tél. (1) 802 985-8665

Théâtre équestre Zingaro
176, av Jean-Jaurès – 93300 Aubervilliers

BIBLIOGRAPHIE

L'Art de la Fantasia, X. Richer, A. Sedrati, R. Tavernier, B. Wallet, Plume, 1997.

Les Cavaliers, R. et S. Michaud, Nathan Image, 1988.

Le Cheval, Elizabeth Johnson, R. Laffont, 1976.

Le Cheval révélé, Desmond Morris, Calmann-Lévy, 1989.

Les Chevaux, «Guide vert», Solar, 1987.

Les Chevaux en 1000 photos, Bertrand Leclair, Solar, 1999.

Crin noir. Pierre Durand et Jappeloup de Luze, Karine Devilder, Denoël, 1988.

L'encyclopédie du cheval et du poney, Elwyn Hartley Edwards, Larousse, 1999.

Jappeloup-Milton. Deux Chevaux de légende, Alban Poudret et les témoignages de Pierre Durand et John Witaker, R. Laffont, 1996.

Mythologie celtique, A. Cotterell, les Éditions de l'Orxois, 1997.

La Passion des chevaux, Anne Alcock, Gründ, 1975.

Princes de sang, Patrice Trapier, Solar, 1991.

L'Univers du cheval et du cavalier, Stéphane Angers, Solar, 1998.

Versailles, Gerald van der Kemp, Art Lys Versailles, 1978.

REMERCIEMENTS

Myriam Baran remercie chaleureusement :
Le Centre culturel suédois ; Patrice Franchet d'Esperey et Jean-Louis Gogo, de l'École nationale d'équitation de Saumur ; Célia Larcher, du Centre d'information de la direction du développement des haras nationaux ; Christian Rivoual, du service de documentation de *Paris-Turf ;* Gaëlle Le Borgne, cavalière accomplie et passionnée de chevaux – merci pour ses vastes connaissances sur les champions ; Alice Cohalion-Buisson, éthologue et « surfeuse » de talent sur le Web – merci pour sa précieuse aide dans les dédales d'Internet ; Claudie Baran, cavalière et journaliste de talent – merci pour ses recherches assidues de documentation ; Nicolas Reynard

Copyright remercie vivement :
Le colonel Courdesse, du Mémorial Leclerc – merci pour l'intérêt et l'attention qu'il a portés à cet ouvrage, et pour nous avoir transmis, concernant Iris XVI et le maréchal Leclerc de Hauteclocque, des informations tirées de *la Revue du Jockey Club,* («le Destin d'Iris XVI», par le colonel Vasselot de Régné), du *Casoar,* la revue des anciens élèves de Saint-Cyr, et du *Chamelier,* l'organe de liaison des anciens du régiment de marche du Tchad (RMT) ; M. et Mme Leclerc de Hauteclocque ; merci pour leur accueil et leurs précieux renseignements ; Patricia Lopez, du théâtre équestre Zingaro – merci pour son attention et pour sa précieuse documentation.

Copyright remercie également, pour leurs sources iconographiques :
Yannick Le Bourg ; Gail Cunard, directeur du Harness Racing Museum ; Betsy Curler, du National Museum of the Morgan Horse ; Tanya Myers, de Ferrari France ; Cathy Schenck, de la Keenland Library ; Le service de presse de l'ambassade d'Australie ; Nathalie Jacques, de l'agence Grayling.

Crédits photographiques

AFP : p. 48 ; 49 ; 95 (droite). **AKG** : p. 7 ; 40 ; 42 (haut) ; 46 (haut) ; 47 (haut) ; 52 (les deux) ; 101 (centre) ; 109 (les deux) ; 120 (les deux) ; 121 (les deux) ; 124. **Alinari-Giraudon** : p. 41 (haut) ; 100 ; 101 (haut, droite) ; 106 (haut) ; 114 (centre). **APRH** : p. 14 ; 15 ; 18 (bas) ; 20 ; 21 ; 23 (les deux) ; 35 (les deux) ; 51. **Artephot** : p. 42 (bas) Oronoz ; 45 (gauche) Oronoz ; 111 (les deux) Scandibild ; 113 (haut) G. Mandel. **Australian Tourist Commission** : p. 79. **B.-L.-Giraudon** : p.117. **Bridgeman-Giraudon** : p. 46 (bas). **Collection Christophe L** : couverture (haut, gauche) ; p. 53 (les deux) ; 127 ; 128 (les deux) ; 129 (les deux) ; 130 (les deux) ; 131 (les deux). **Michel Denancé** : couverture (fond, haut) ; p. 66 (haut) ; 76 (haut) ; 77 (haut) ; 78 (haut) ; 85 ; 86 (haut) ; 89 (haut). **DR** : couverture (bas, gauche) ; p. 64 (gauche) ; 68 (haut) ; 81 (centre) ; 84 (haut) ; 87 (haut) ; 92 (haut) ; 132 ; 135 (haut) ; 136 ; 138 ; 139. **Explorer** : p. 75 F. Pierrel ; 87 (centre) Cavalli A./Over ; 88 (J.-M. Bertrand ; 119 (bas) Guy Thouvenin ; 119 (haut) Jean-Luc Bohin ; 122 Jean-Luc Bohin ; 125 (haut) collection JB ; 125 (bas) Mary Evans ; 133 (haut, gauche) Mary Evans ; 133 (bas) P. Forget ; 134 Collection Bauer (les deux). **Ferrari France** : p. 135 (bas). **Giraudon** : couverture (fond, bas) ; p. 9 (bas) ; 39 (les deux) ; 43 ; 44 ; 45 (droite) ; 86 (bas) ; 98-99 : *l'Écuyère*, tableau de Jean-Émile Laboureur exposé au musée des Beaux-Arts de Nantes ; 102 ; 104 ; 108-109 ; 110 (centre) Gilles Mermet/ musée national du Bardo ; 115 ; 116 (haut). **Bernard Gourier** : p. 16 ; 17 ; 18 (haut) ; 19 (droite) ; 84 (bas) ; 90 (centre) ; 91. **Jean Guichard** : 36-37 (toutes) ; 49 (gauche). **The Harness Racing Museum** : p. 12 ; 13. **Horsesource** : p. 32. **Jacana** : p. 56 Christoph Becker ; 60 (les deux) Anup Shah ; 63 Denis Cauchoix ; 69 (bas) Frédéric ; 73 (bas) Frédéric ; 75 Henri Veiller ; 89 (bas) Frédéric. **Kharbine-Tapabor** : p. 40 (centre). **Keenland Library** : p. 22 Cook ; 24 Skeets Meadors. **Lauros-Giraudon** : p. 38 musée de la ville de Paris/musée du Petit Palais ; 91 (bas) ; 103 ; 105 (les deux) ; 107 (centre) ; 110 (haut) ; 112 ; 118 ; 123 (les deux). **Morris** : p. 126 (les deux). **National Museum of the Morgan Horse** : p. 50. **Olympia** : p. 28. **Michel Peissel** : p. 59. **Pix** : p. 54-55 Françoise Peuriot, chevaux lipizzans aux haras Simbata de Jos en Roumanie ; 64 (haut) John Eastcott et Yva Momatiok ; 70 (haut) Klein et Hubert ; 94 (bas) Bénazet et Jacques ; 95 (haut) Philippe Ploquin. **Antoine Poupel** : p. 96-97 (les trois). **RMN** : p. 8 H. Lewankowski ; 9 (haut) H. Lewankowski ; 47 (centre) Arnaudet ; 83 (centre) Michèle Bellot ; 106 (bas) Michèle Bellot ; 107 (haut) C. Jean ; 113 (bas) H. Lewandowski ; 114 (haut) R. G. Ojeda ; 116 (bas) Gérard Blot ; 133 (haut, droite). **The Rouch Vilmot Thoroughbred Library** : p. 34 (les deux). **Sunset** : couverture (haut, droite) ; p. 6 ; 57 (droite) NHPA ; 57 (gauche) Gérard Lacz ; 58 (haut) Weiss ; 58 (bas) Gérard Lacz ; 61 (haut) Weiss ; 61 (bas) Gérard Lacz ; 62 (les deux) Robert Maier ; 63 (haut) Gérard Lacz ; 64 (droite) Weststock ; 65 (haut) ; 65 (les deux) A. N. T. ; 66 (bas) ; 67 (les deux) ; 68 (bas) Robert Maier ; 69 FLPA ; 70 (bas) ; 71 (les deux) Robert Maier ; 72 (les deux) ; 73 (haut) Gérard Lacz ; 74 (haut) Robert Maier ; 74 (bas) Robert Maier ; 76 (bas) Gérard Lacz ; 77 Gérard Lacz ; 78 (bas) Gérard Lacz ; 80 Gérard Lacz ; 81 (gauche) Weiss ; 81 (droite) Gérard Lacz ; 82 Gérard Lacz ; 83 Gérard Lacz ; 90 (haut) Gérard Lacz ; 91 Gérard Lacz ; 92 (bas) Montenay ; 93 (les deux du haut) Capel ; 93 (bas) Gérard Lacz ; 94 (haut) Gérard Lacz. **TempSport** : couverture (bas, droite) Thierry Boisson ; p. 10-11(ouverture) G. Iundt, Jean-Réné Goujon et Ourasi en course ; 19 (haut) ; 25 (bas) ; 26 ; 27 ; 29 (les deux) ; 31 (les deux) ; 33 (les deux). **Vandystadt** : p. 25 (haut) ; 30.

訳者紹介

吉川晶造（よしかわ・しょうぞう）

1930年大阪生まれ．1943年初乗り．1947年関西大学予科入学，馬術部に入部．1964年フランス政府給費技術留学生として経営・管理高等研究所等で履修．その際，パリ近郊の乗馬クラブに入会．帰国後，住友商事（株）大阪本社から東京本社に転勤，馬術部に入部．1970年サイゴンに駐在，同地乗馬クラブで騎乗．エクウス・ライディング・ファーム会員．訳書：『乗馬の愉しみ』『乗馬の歴史』（共に恒星社厚生閣）．

伝説の馬100頭

2007年3月31日　初版第1刷発行

著　者　　ミリアム・バラン

訳　者　　吉川晶造

発行者　　片岡一成

発行所　　株式会社 恒星社厚生閣
　　　　　〒160-0008　東京都新宿区三栄町8番地
　　　　　TEL：03(3359)7371　FAX：03(3359)7375
　　　　　http://www.kouseisha.com/

印刷製本　（株）シナノ

ISBN978-4-7699-1058-9　C0020

定価はカバーに表示